JN021339

はじめに

　私たちの世界は小さな粒からできている。すべての物質とその変化は、粒たちによって説明できる。化学者たちはそのように考え、自然界から94種類の元素を発見し、約3000種類の原了の存在を明らかにしました。

　この本は、中学で覚えたい原子を20種類ほどに限定し、たくさんの実験を行います。家庭のキッチンでできる実験もあります。しかし、その説明に使う粒は小さく見えないので、モデル図を使います。あなたの頭に具体的な色や形をもった粒のイメージをつくってください。実験結果をモデルの組み合わせ、状態の変化として説明します。原子たちの特徴を受け入れ、それらの規則や法則をイメージできるようになれば、あなたの日常生活は小さくて見えない粒子たちが動きまわる世界に生まれ変わります。

　第2版で追加した内容は、ダニエル電池、マイクロスケール実験などです。化学反応式や原子モデル、グラフや図版も見直し、巻末の索引にも学習に合わせた項目を起こしました。今回の改定では中学校での教育に携わる小川裕先生、亀井章雄先生、織笠友彰先生にご協力頂き、心から感謝申し上げます。

　化学は、物質がお化けのように変わる楽しい実験がたくさんあります。実験を楽しみながら、小さな粒子たちがつくる物質の世界へ旅立ちましょう。

福地　孝宏（Mr.Taka）

目　次

はじめに……………………………………………………………………… 1

第1章　物　質 —————————————————————————6

1　チョークはどこまで小さくなるか ……………… 6
2　チョークを加熱する ……………………………… 8
3　白い物質を加熱する ……………………………… 10
4　都市ガスを燃焼させる …………………………… 12
5　ぞうきんや器具の洗い方 ………………………… 14

第2章　原　子 —————————————————————————16

1　元素周期表 ………………………………………… 16
2　原子の内部構造 …………………………………… 18
3　貴ガス（6種類）…………………………………… 20
4　金属（72種類）…………………………………… 22
5　金属の炎色反応 …………………………………… 24
6　1円硬貨の密度 …………………………………… 26
7　いろいろな物質の密度 …………………………… 28
8　水素のシャボン玉で遊ぼう ……………………… 29

第3章　分　子 —————————————————————————30

1　大気をつくる分子「気体」………………………… 30
2　酸素をつくって調べよう ………………………… 32
3　二酸化炭素をつくって調べよう ………………… 34
4　アンモニアの噴水 ………………………………… 36
5　いろいろな分子 …………………………………… 38
6　分子がつくる結晶 ………………………………… 39
7　水の分子（H_2O）……………………………… 40

第4章　化学変化 ——————————— 42

1	化学反応式の　矢　印　→	42
2	消したろうそくに火をつける	43
3	マッチを何秒燃やせるか	44
4	ダイナミックなエネルギーの出入り	44
5	ガスバーナーで完全燃焼させよう	46
6	鉄を燃やそう	48
7	マグネシウムの酸化	50
8	銅の酸化	52
9	水素（気体）の爆発	54
10	鉄と硫黄の化合（硫化）	56
11	銅と硫黄の化合（硫化）	58
12	銅と塩素の化合（塩化）	59
13	酸化銀の熱分解（還元）	60
14	酸化銅の還元	62
15	酸化銅と炭素の反応（還元と酸化）	64
16	質量保存の法則	66
17	炭酸水素ナトリウムの熱分解	68
18	食べ物（有機物）を加熱しよう	70
19	プラスチックを燃やす	72
20	有機物から炭を作る	74
21	べっこう飴とカルメ焼き	76

第5章　状態変化 ——————————— 78

1	沸騰した水の泡を集めよう	78
2	物質の三態（固体・液体・気体）	80
3	分子運動実験器でイメージする	81
4	紙で水を沸かす	82
5	エタノールの沸点	84
6	パルミチン酸の融点・凝固点	86
7	エタノール水溶液を分留しよう	88
8	ウイスキー、みりんなどを蒸留しよう	90
9	液体窒素による状態変化	92

第6章　水溶液 ——————————————— 96

1　溶媒（水）と溶質 ····································· 96
2　無色透明、無臭の溶液「硫酸」 ··········· 97
3　焦げた砂糖の拡散 ······························· 98
4　水溶液の濃度 ···································· 100
5　石灰水をつくろう ····························· 102
6　最高に濃い食塩水をつくろう ··········· 104
7　飽和と平衡 ······································· 105
8　食塩の結晶をつくる（再結晶） ········· 106
9　硝酸カリウムの再結晶（溶解度） ····· 108
10　溶解度曲線 ······································· 110

第7章　イオン ——————————————— 112

1　食塩と水は、電流を流すか ··············· 112
2　食塩水のモデル（電離） ··················· 113
3　イオンを含む水を探せ！ ··················· 114
4　いろいろなイオン ··························· 116
5　イオンの内部構造 ··························· 117
6　イオン結合の物質 ··························· 118
7　イオンの電気を確かめる ·················· 120
8　酸とアルカリの中和反応 ·················· 122
9　HClとNaOHの中和 ······················· 124
10　H_2SO_4と$Ba(OH)_2$の中和 ······· 126
11　イオンの量を測定しよう ·················· 128

欄外には、実験で準備するものや、ワンポイントアドバイス、生徒の感想などを収録しています。本文とあわせて活用してください。

⚠注意 マークがある実験は、ケガや事故などが起きる可能性が高いものです。実験をする場合、必ず理科教育の専門家の指導のもと行ってください。

第8章　化学電池と電気分解————130

1　食塩水でつくる化学電池 ·········· 130
2　11円電池、備長炭電池をつくろう ·········· 131
3　フルーツ電池 ·········· 132
4　金属を変えて電流をつくろう ·········· 134
5　塩化銅水溶液と Al の反応 ·········· 135
6　硫酸銅水溶液と Zn の反応 ·········· 136
7　硫酸銅水溶液と Fe の反応 ·········· 137
8　塩酸と金属の反応 ·········· 138
9　イオン化傾向 ·········· 140
10　ダニエル電池 ·········· 141
11　塩化銅の電気分解 ·········· 142
12　塩化銅の電気分解のしくみ ·········· 144
13　塩化鉄の電気分解 ·········· 145
14　水の電気分解 ·········· 146
15　塩酸の電気分解 ·········· 148
16　食塩水の電気分解 ·········· 150
17　いろいろな電池の内部構造 ·········· 152
18　燃料電池で走る車 ·········· 153
19　化学とこれからの社会 ·········· 154

索　引 ·········· 156

写真・資料提供・協力・取材（敬称略・順不同）

名古屋市立御田中学校、名古屋市立萩山中学校、名古屋市立東港中学校、鶴岡市立加茂水族館、福井県立恐竜博物館、山形県立庄内職業能力開発センター（p.20 アルゴン溶接）、松葉温泉 滝の湯（p.21 ラドン温泉）、NASA（p.38 オゾン）、千葉ヨウ素資源イノベーションセンター（CIRIC）（p.39 ヨウ素）、産業技術総合研究所 地質調査総合センター 地質標本館（p.39 ダイヤモンド）、青木正博（p.39 石英）、油川英明（p.41 雪の結晶）、国際連合総会（p.72 SDGs：https://www.un.org/sustainabledevelopment ※本書の内容は国連に承認されたものではなく、国連の見解を反映するものではありません）、青栁敏史、「子供の科学」編集部、「月刊天文ガイド」編集部

本書関連ウェブサイト

筆者が運営するYouTubeチャンネルとホームページには、本書に関連する動画や資料が掲載されています。ぜひ活用してください！

YouTube チャンネル
「中学理科の Mr.Taka」

化学リンクページ
HP「中学理科の授業記録」から

第1章 物　質

　宇宙にある物質は、小さな粒子「原子（アトム）」からできています。第1章の目標は、目に見えない粒子を簡単な実験からイメージできるようにすることです。実験で物質を小さくする方法は2つあり、1つは機械的、もう1つは化学的な方法です。これら2つの方法を使い、いろいろな物質を純物質（単体と化合物）と混合物に分類しましょう。

私たちの地球
地球にあるすべての物質は、原子（アトム）からできている。

1 チョークはどこまで小さくなるか

　チョークは1種類の物質からできている純物質です。まず、ぽきん、ぽきんとチョークを折り、その限界に挑戦しましょう。今回は折ったりたたいたりする機械的な方法を使います。

■ 機械的な方法で、チョークを小さくする限界に挑戦する実験

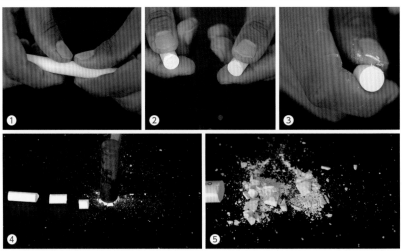

①～③：新品のチョークを用意し、2つに折る。これを何度もくり返す。　④、⑤：折れなくなったら、金づちでたたいたり、すりつぶしたりする。

準　備

- チョーク
- 金づち

チョークの箱
主成分は炭酸カルシウム $CaCO_3$。運動場のラインに使う石灰、石灰岩の主成分も同じ。

■ 実験結果と考察

　チョークを折ったりすりつぶしたりしても、チョークとしての性質を失うことはありません。つまり、形や大きさが変わっただけで、物質そのものは変化していないのです。

■ チョーク1粒のモデル

　詳しい研究から、チョークの主成分「炭酸カルシウム」は、3種類の原子からできていることがわかっています。これをモデルとして図にすると、次のようになります。

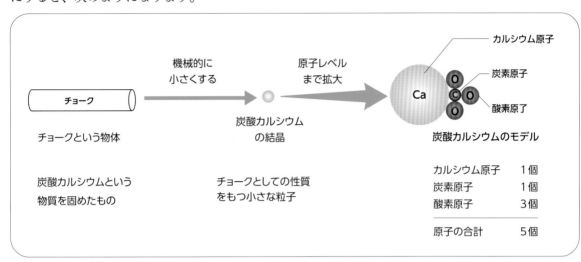

　チョークが炭酸カルシウムだけでつくられていると考えるなら、チョークは純物質です。純物質は、1つの成分からできている物質で、たたいたりすりつぶしたりするなど、機械的な方法では2つ以上の物質に分けることができません。

■ 純物質（純粋な物質）の分類

　純物質は、単体と化合物に分類されます。単体は1種類の原子からできている物質、化合物はチョークのように複数の原子が結合した物質です。

単　体	化合物
• 1種類の原子からできている物質 • カルシウム、炭素、酸素など	• 2種類以上の原子が結合した物質 • 炭酸カルシウム、二酸化炭素など
Ca　カルシウム　Ca C　炭素　　　　　C O O　酸素（分子）O₂	Ca O C O O　炭酸カルシウム　CaCO₃ O C O　二酸化炭素　CO₂ 　　　（分子） C O　一酸化炭素　CO 　　　（分子）

※化学式（p.31）であらわすと、単体と化合物の違いがすぐにわかる。
※分子は第3章（p.30）で学ぶ。

物質と物体
化学は、ある物質の性質を説明するために、それを構成する小さな粒を探し求める。これに対して、物理学は、ある大きさをもつ物体の運動や状態を調べる。つまり、チョークの実験は、形をもつ物体が物質からでできていること体感する。

ドルトンの原子説
ドルトンは、さまざまな化学変化を究極の粒子「原子」を使って説明した。

原子とは
(1) アトム（万物をつくる最小の粒子）
(2) 化学変化ではつくれない粒
(3) 種類によって特徴がある

生徒の感想
• チョークの粉を水に溶かして固めると、チョークに戻った。それに、赤と白の粉を粘土状にしてから貼り付けて固めると、2色同時に書けるリサイクルチョークができるよ。

2 チョークを加熱する

チョークを加熱すると、どうなるでしょう。カルシウム原子、炭素原子、酸素原子が飛び出してくることを期待して、思いっきり加熱してみましょう。物質を加熱するのは、化学的な方法です。

準 備

- チョーク、食塩
- スプーン、薬さじ、アルミホイル
- ガスバーナー、ぞうきん

⚠ 注意 火傷、換気

- 加熱実験は、必ず換気をよくする。
- 試料（実験で試す物質や材料）はできるだけ少なくする。

炭酸カルシウムの熱分解
この熱分解を化学反応式 (p.42) で表すと次のようになる。

$$CaCO_3 \xrightarrow{\text{熱分解}} CaO + CO_2$$
炭酸カルシウム

※ CaO は食品の乾燥剤として使われ、水と激しく反応して熱を出す (p.102)。

■ チョークを加熱する実験

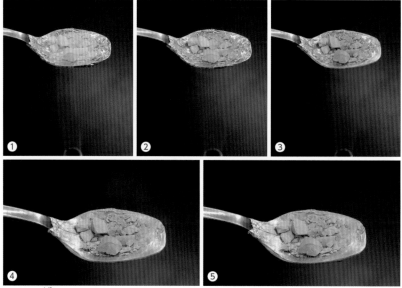

①〜⑤：砕いたチョークを5分以上加熱しても、ほとんど変化しない。ただし、900℃以上にすると、酸化カルシウムと二酸化炭素に分解する（欄外）。

■ 食塩を加熱する実験

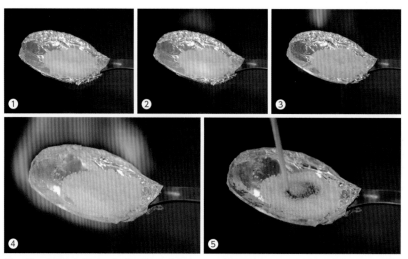

①〜④：食塩を加熱するとぱちぱちと音を立てて、弾け飛ぶ。オレンジ色に輝くのは、食塩に含まれるナトリウム原子の炎色反応 (p.24)。 ⑤：火を止め、内部を調べようとしたら、つまようじが焦げた。なお、食塩は800℃で液体に変わる (p.80)。

アルミホイルを巻いた薬さじ
1重に巻くだけで良い。加熱後は、ピンセットを使ってアルミホイルごと取る。アルミニウムの融点は 660℃。

■ 色チョークを加熱したときの変化

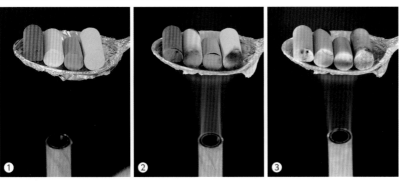

①～③：アルミホイルを巻いたスプーンに、色チョークをのせて加熱する。

④：加熱後のチョークを、金づちでたたいて割ったもの。

物質を調べる2つの方法

機械的方法	(1) たたく　(p.6)
	(2) 引き伸ばす　(p.22)
	(3) ろ過する　(p.109)
	(4) 乳鉢で混ぜる　(p.56)
化学的方法	(1) 加熱する
	(2) 電流を流す　(p.112)
	(3) 薬品を加える

■ 実験結果と考察

　チョークのコーティング部分や色は変化しましたが、今回の熱では分解できません。炭酸カルシウムは、小学校で貝殻、サンゴ、石灰石の主成分である、と学習したことも思い出しましょう。

■ 純物質「チョーク」をつくる原子どうしの結合方法

　詳しい研究から、チョークをつくる3種類の原子は、非常に強い力で結合していることがわかっています。その結合をイオン結合といい、イオン結合の物質は私たちの目に見えるほど大きな結晶をつくります。下表は、純物質の3つの結合方法をまとめたものです。

金属結合	自由に動き回る「自由電子」による結合　(p.23)
	・強い結合で、ほとんどは20℃で固体
	・単体の金属（合金は混合物）
共有結合	電子を共有することで結合する　(p.31)
	・結晶するものは少なく、分子をつくる
	・酸素、二酸化炭素、塩化水素などの気体
イオン結合	原子が、＋と－のイオンになって引き合う　(p.118)
	・非常に強い結合で、イオン結晶をつくる
	・チョーク、食塩など多くの物質

生徒の感想

・色チョークが全部真っ白になったのは、色素が分解されたからだと思う。

・どうしたら、炭酸カルシウムをばらばらにできるのだろう？

食塩（NaCl）の結晶
食塩水から水を蒸発させ、食塩を再結晶させたもの (p.107)。

3 白い物質を加熱する

砂糖、でんぷん、ふくらし粉（ベーキングパウダー）、食塩、白いチョークなど、いろいろな白い物質を加熱します。加熱前と加熱後を比較すると、それらに含まれる原子を探ることができます。

準　備

- いろいろな白い物質
- スプーン、アルミホイル
- ガスバーナー、ぞうきん

⚠ 注意 火傷、換気

- 何かわからない物質は、有毒ガス発生の可能性もあるので、安全な物質であることがわかっていても、できるだけ少量で行う。

身近にある白い物質
小麦粉はコムギを粉にしたもので、主成分はでんぷん。

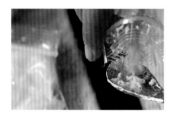

持参したパン粉を取り出す生徒

試料の量は、少ないほど良い
スプーンに山盛りのせるより、少量で同じ実験をくり返した方がよい。結果が物質の量と関係しないなら、節約した時間や材料を、他の実験に使うことができる。

生徒の感想

- 小麦粉を燃やすと、美味しい匂いがする。
- 先生、匂いって、鼻に何か入るってことですか？（答：はい、そうです！）

■ 砂糖を加熱する実験

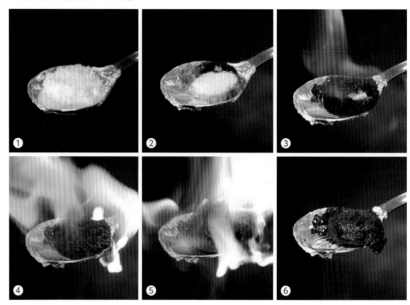

①：初めは無色透明の液体になる。　②：火力が強い場合、すぐに茶色く焦げ始める。湯気も見える。　③〜⑤：ヘビ花火のように盛り上がり、気体を出しながら激しく燃焼する。
⑥：炭になると反応が止まるが、直火で加熱すると水や二酸化炭素になる。

■ でんぷんを加熱する実験

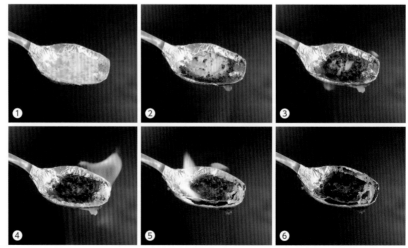

①〜⑤：温度が高い周辺部から焦げ始めて茶色くなり、やがて、炎を出して燃焼する。
⑥：砂糖と同じように、炭になると反応が止まる。

■ ふくらし粉（ベーキングパウダー）を加熱する実験

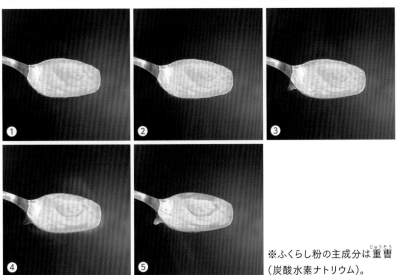

① ② ③
④ ⑤

※ふくらし粉の主成分は重曹（じゅうそう）（炭酸水素ナトリウム）。

①〜⑤：色の変化は見られないが、水分が失われてサラサラした感じになる。ポイントは、最終的に炭（真っ黒）にならないこと。純物質の可能性がある。

物質を調べる視点と方法

(1) 色
(2) 状態
(3) かたさ
(4) 手触り
(5) におい
(6) 溶解度（ようかいど）(p.110)
(7) pH（ピーエイチ）(p.123)
(8) 電流が流れるかどうか
(9) 加熱したときの様子
(10) 塩酸を加えたときの変化
(11) 密度 (p.26)

※未知の物質を調べる方法は無限にある。上は一例にすぎないので、自分で方法を考え、実験し、その結果を考察し、新たな課題に対する実験をくり返すことが大発見につながる。

■ 実験結果と考察

　砂糖とでんぷんが炭になったことから、2つの物質は、炭素原子を含む有機物であることが推測されます。

加熱前		加熱後
白い物質	砂糖	・炭になった（炭素を含む有機物）
	でんぷん	
	ふくらし粉	・さらさらになり(p.68)、量が減った
	食塩 (p.8)	
	チョーク (p.8)	・変化なし

（加熱する →）

レポートの項目（化学）

(1) タイトル（実験の目的）
(2) 実験者名（友だちも書く）
(3) 日時
(4) 準備（器具、試薬）
(5) 方法（手順、変化させる条件、対照実験など）
(6) 結果（表、グラフ）
(7) 考察（自分の考えとその根拠、予測されること）

※中学校の授業では仮説づくりより、自分の手と頭を動かして検証・考察することに時間を使う。

■ 有機物と無機物

　炭素を含む物質を有機物、含まない物質を無機物といいます。有機物は、生物のからだをつくる物質が多く、家庭科では炭水化物・タンパク質・脂質の3つに分類します。

有機物	無機物
・炭素を含む物質 （生物学では、生物をつくる物質を有機物という）	・炭素を含まない物質 （例外：C（炭素）、CO_2、$NaHCO_3$（炭酸水素ナトリウム）など）
・炭水化物、タンパク質、脂質 ・化石燃料（石炭、石油） ・プラスチック（欄外）	・鉱物、岩石、食塩 ・大気（窒素、酸素、アルゴン） ・貴ガス (p.20)、金属 (p.22)

※有機物と無機物の分類は、あいまいな点もある。
※有機物の燃焼は p.43。

プラスチック

プラスチック（合成樹脂）は、人工的につくった高分子化合物で、いろいろな種類がある。材料は石油からつくられる「ナフサ」で、大量生産でき、簡単に形を整えられるので、身の回りにたくさんある。p.72、73 で、プラスチックの燃焼実験を行う。

4 都市ガスを燃焼させる

都市ガスは、炭素と水素の化合物（有機物）です。燃焼させると、二酸化炭素や水ができます。本当に水ができるのか、確かめてみましょう。また、エタノールを浸した脱脂綿も燃焼させてみましょう。

都市ガス（13A）の組成

メタン	CH_4	88%
エタン	C_2H_6	7%
プロパン	C_3H_8	3%
ブタン	C_4H_{10}	2%
ペンタン	C_5H_{12}	0%

※ 13A という種類の都市ガスは、主に4種類の混合物。LPガスはプロパンとブタン2種類の混合物で液化させやすく、エネルギー効率が高い。

$$CH_4 + 2O_2 \longrightarrow CO_2 + 2H_2O$$
メタン　酸素　　二酸化炭素　水

$$C_3H_8 + 5O_2 \longrightarrow 3CO_2 + 4H_2O$$
プロパン　酸素　　二酸化炭素　水

炭素原子 ——
水素原子 ——

メタン分子（CH_4）

H H
H–C–C–H
H H

エタン分子（C_2H_6）

■ 都市ガスを燃やすと、水ができることを確かめる実験

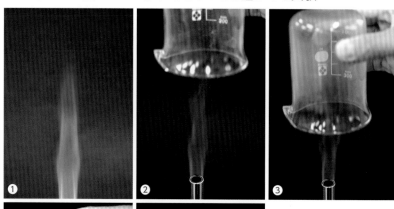

①：ガスバーナーで都市ガスを燃焼させる。　②〜⑤：炎の上に乾いたビーカーをかざすと、一瞬のうちに白い曇り（水滴）ができる。ただし、数秒後、ビーカーの温度が上がると、水滴（液体）は見えない水蒸気（気体）になる。ビーカーはすぐ 100℃になるので火傷に注意する。

■ 脱脂綿とエタノールの加熱実験

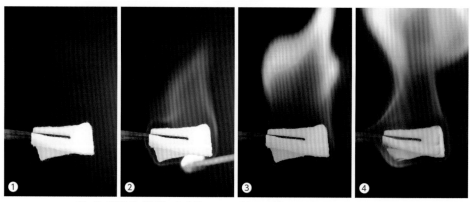

①、②：脱脂綿（脱脂した木綿＝ワタの種子の毛）にエタノールを浸し、マッチで点火する。
③、④：約2分間、脱脂綿は白いまま、エタノールが大きな炎を上げて燃える。

$$C_2H_5OH + 3O_2 \xrightarrow{\text{燃 焼}} 2CO_2 + 3H_2O$$
エタノール　　　　酸素　　　　　　　二酸化炭素　　　　水

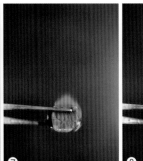

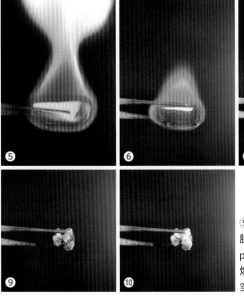

⑤～⑧：エタノールが燃え尽き、脱脂綿が燃える（脱脂綿の燃焼 p.75）。　⑨～⑩：脱脂綿は完全燃焼すると、CO_2 と H_2O になり、空気中へ拡散する。

脱脂綿は変化せずに、エタノールだけが燃焼する理由
発火点や燃焼する温度は、物質によって違う（p.82）。この実験ではエタノール、脱脂綿の順に燃焼する。

■ 実験結果

	燃焼させてわかったこと
都市ガス	・燃焼中に、水を発生した
エタノール	・燃焼後、何も残らなかった（水や二酸化炭素は拡散）
脱脂綿	・エタノールが燃焼している間、脱脂綿は白いままだった ・燃焼後、ほとんど何も残らなかった

　この結果から、都市ガスは水をつくる水素原子、脱脂綿は炭をつくる炭素原子を含んでいることが推測されます。なお、都市ガスは、いくつかの燃焼しやすい気体（純物質）に分離することができるので、混合物といいます（p.13）。

生徒の感想
・先生が、ガスバーナーから水を取り出した！

■ 物質の分類

　都市ガスは、複数の純物質が混合した「混合物」です。この混合物の状態は、固体・液体・気体に分けられます。

混合物 2つ以上の純物質に分けられるもの	純物質 1つの成分からできている物質	
	単 体 1種類の原子からできている物質	**化合物** 2種類以上の原子が結合した物質
・ステンレス、黄銅などの合金 p.23 ・天然ガス、肉、チーズなどの食品 ・海水、大気 ・地球、太陽 ※有機物の分類は p.11	・金、鉄、アルミニウムなど単体の金属（金属結合 p.23） ・エタノールやブドウ糖などの**有機物**、酸素や水など分子（共有結合 p.31） ・チョーク、食塩など結晶をつくる物質（イオン結合 p.119）	

5 ぞうきんや器具の洗い方

ぞうきんや器具をきれいに洗える人は、実験上手です。どんなに汚しても正しい知識と技術があれば、大胆に実験できるからです。科学的な洗い方（物理・機械的な力と化学的な力を使い分けること）を覚え、たくさん実験をしましょう。

ぞうきん洗いの達人になろう！
誰もが喜ぶ素晴らしい技を身につけるため、毎日練習をくり返すこと。

拭き掃除をするときの折り方
ぞうきんを横に折り、表裏それぞれの片面だけを使う。片面を使わなければ、自分の手は汚れない。①：ぞうきんを2つに折り、ぞうきんがけ。　②、③：汚れた面を内側にして、もう一度ぞうきんがけ。そして、洗う。洗うときも手を汚さないようにする。

■ ぞうきんの洗い方 (物理・機械的な方法)

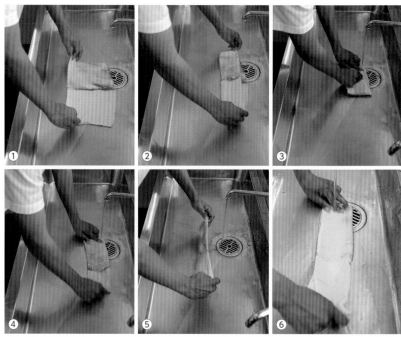

①、②：汚れたぞうきんを広げ、写真のように細長く折る。　③：汚れた面の端に流水を当て、きれいな方の端を持つ。　④：ぞうきんが含んだ水を押し出すように、面と面をこすり洗い。　⑤、⑥：裏返し、内側を同じように洗ったら終了！

■ 試験管の洗い方 (物理・機械的な方法)

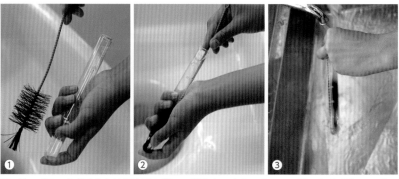

①、②：ブラシを使うときは指を底に当て、割らないようにする。　③：素早く動かせば、物理的効果が上がる。事前に洗剤につけておけば、化学的効果が出る。

■ つけおき洗いの手順（化学的な方法）

①、②：砂糖のように油分がない場合は、水につけておく。

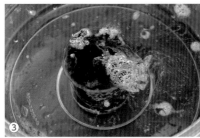

③：砂糖が水に拡散する（p.98）。　④：数分で、これだけきれいになる。　⑤、⑥：12時間後、水槽から取り出すと、何もこすらなくても完全に取れていた。ただし、焦げついた場合は、物理・機械的な力でこすり取る必要がある。

奇麗な試験管と汚れた試験管
水滴は汚れをきっかけにしてできる。つまり、水滴は汚れていることを示す。

循環型社会3R、5R
くり返し使えるぞうきんは、まさに循環型道具。3R（Reduce 抑制、Reuse 再使用、Recycle 回収・再資源化）、5R（3R＋ Refuse 断る、Repair 修理）。

生徒の感想
・ぞうきんは汚くない。自分の使い方が悪かった。
・これからは根性でごしごし洗うのをやめて、化学的な力を利用することにします。
・シャンプーや歯磨き粉も少ないほうが良いし、経済的。

⑦：油分がある場合は、中性洗剤を数滴〜10滴を加えた水に30分から24時間放置する。洗剤の成分は、化学的に汚れを浮かせるので、こする必要はない。ポイントは、十分に結合するまで待つこと、洗剤を入れすぎないこと（余分な洗剤を落とすほうが大変）。洗剤の量は、汚れの粒子をイメージし、それに合わせて入れる。

第2章 原子

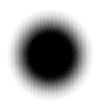

初めに宇宙をつくる94種類の元素（エレメント）を紹介します。次に、原子の構造を紹介しながら、元素と原子の違いにふれます（p.18）。初めに学ぶ元素は、原子1個で物質としての性質をもつ「貴ガス」と「金属」。これらは自然界にある元素94種類のうちの78種類を占めています。

外から見た原子モデル
原子を外から見ると、ぼやっとした粒のように見える。
（原子の直径の平均）
＝ 0.000 000 01 cm

1 元素周期表

自然界にある元素は94種類ですが、人工的に作ったものを合わせて118種類が知られています。日本は原子番号113番、Ｎｈを作ることに成功しました（2016年命名）。

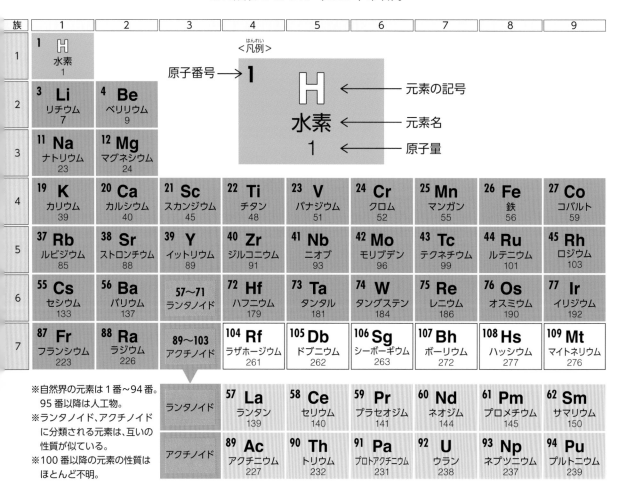

族	1	2	3	4	5	6	7	8	9
1	1 **H** 水素 1								
2	3 **Li** リチウム 7	4 **Be** ベリリウム 9							
3	11 **Na** ナトリウム 23	12 **Mg** マグネシウム 24							
4	19 **K** カリウム 39	20 **Ca** カルシウム 40	21 **Sc** スカンジウム 45	22 **Ti** チタン 48	23 **V** バナジウム 51	24 **Cr** クロム 52	25 **Mn** マンガン 55	26 **Fe** 鉄 56	27 **Co** コバルト 59
5	37 **Rb** ルビジウム 85	38 **Sr** ストロンチウム 88	39 **Y** イットリウム 89	40 **Zr** ジルコニウム 91	41 **Nb** ニオブ 93	42 **Mo** モリブデン 96	43 **Tc** テクネチウム 99	44 **Ru** ルテニウム 101	45 **Rh** ロジウム 103
6	55 **Cs** セシウム 133	56 **Ba** バリウム 137	57〜71 ランタノイド	72 **Hf** ハフニウム 179	73 **Ta** タンタル 181	74 **W** タングステン 184	75 **Re** レニウム 186	76 **Os** オスミウム 190	77 **Ir** イリジウム 192
7	87 **Fr** フランシウム 223	88 **Ra** ラジウム 226	89〜103 アクチノイド	104 **Rf** ラザホージウム 261	105 **Db** ドブニウム 262	106 **Sg** シーボーギウム 263	107 **Bh** ボーリウム 272	108 **Hs** ハッシウム 277	109 **Mt** マイトネリウム 276
	ランタノイド		57 **La** ランタン 139	58 **Ce** セリウム 140	59 **Pr** プラセオジム 141	60 **Nd** ネオジム 144	61 **Pm** プロメチウム 145	62 **Sm** サマリウム 150	
	アクチノイド		89 **Ac** アクチニウム 227	90 **Th** トリウム 232	91 **Pa** プロトアクチニウム 231	92 **U** ウラン 238	93 **Np** ネプツニウム 237	94 **Pu** プルトニウム 239	

＜凡例＞
原子番号 → 1
元素の記号 ← H
元素名 ← 水素
原子量 ← 1

※自然界の元素は1番〜94番。95番以降は人工物。
※ランタノイド、アクチノイドに分類される元素は、互いの性質が似ている。
※100番以降の元素の性質はほとんど不明。

周期表の形

表の形は、規則正しい性質の変化（周期性）を表現しています。横は、原子番号順です。縦は似たものどうし、イオンになったときの電気量の順に並んでいます（p.116）。横を周期、縦を族といいますが、縦に並ぶ同族の性質を覚えると化学への興味がふくらみます。

族の名称

第1族	アルカリ金属
第2族	アルカリ土類金属
第17族	ハロゲン
第18族	貴ガス

元素記号の大文字・小文字＝化学式

元素記号の基本は、大文字1字です。2字になる場合は、大文字・小文字の順に並べます。例えば、水素(Hydrogen)はH、ヘリウム(Helium)はHEではなく、Heになります。

原子量

原子量は原子の質量（グラム）、と考えることもできる。宇宙で一番軽い水素の原子量は1。p.18欄外へ続く。

元素を分類する視点（下表と対応）

1　原子核の電気量（陽子の数 p.18）＝原子番号
2　**貴ガス**（p.20）か**金属**（p.22）か**非金属**（p.30）か
　※貴ガスは、非金属に分類することが多い。
　※灰色はよく似た性質の元素。
3　25℃のときの状態（**固体・液体・気体**）

元素＝原子、と考えれば良い

元素118種類は、それぞれ複数の同位体をつくる（p.18）。その結果、原子は約3000種類できるが、中学では元素＝原子、と考えてもよい。

化学式 ＝ 物質を元素記号であらわしたもの

10	11	12	13	14	15	16	17	18	族
								2 He ヘリウム 4	1
			5 B ホウ素 11	6 C 炭素 12	7 N 窒素 14	8 O 酸素 16	9 F フッ素 19	10 Ne ネオン 20	2
			13 Al アルミニウム 27	14 Si ケイ素 28	15 P リン 31	16 S 硫黄 32	17 Cl 塩素 35	18 Ar アルゴン 40	3
28 Ni ニッケル 59	29 Cu 銅 64	30 Zn 亜鉛 65	31 Ga ガリウム 70	32 Ge ゲルマニウム 73	33 As ヒ素 75	34 Se セレン 79	35 Br 臭素 80	36 Kr クリプトン 84	4
46 Pd パラジウム 106	47 Ag 銀 108	48 Cd カドミウム 112	49 In インジウム 115	50 Sn スズ 119	51 Sb アンチモン 122	52 Te テルル 128	53 I ヨウ素 127	54 Xe キセノン 131	5
78 Pt 白金 195	79 Au 金 197	80 Hg 水銀 201	81 Tl タリウム 204	82 Pb 鉛 207	83 Bi ビスマス 209	84 Po ポロニウム 210	85 At アスタチン 210	86 Rn ラドン 222	6
110 Ds ダームスタチウム 281	111 Rg レントゲニウム 280	112 Cn コペルニシウム 285	113 Nh ニホニウム 278	114 Fl フレロビウム 289	115 Mc モスコビウム 289	116 Lv リバモリウム 293	117 Ts テネシン 293	118 Og オガネソン 294	7

63 Eu ユウロピウム 152	64 Gd ガドリニウム 157	65 Tb テルビウム 159	66 Dy ジスプロシウム 163	67 Ho ホルミウム 165	68 Er エルビウム 167	69 Tm ツリウム 169	70 Yb イッテルビウム 173	71 Lu ルテチウム 175
95 Am アメリシウム 243	96 Cm キュリウム 247	97 Bk バークリウム 247	98 Cf カリホルニウム 252	99 Es アインスタイニウム 252	100 Fm フェルミウム 257	101 Md メンデレビウム 258	102 No ノーベリウム 259	103 Lr ローレンシウム 262

2 原子の内部構造

　原子は、原子核と電子からできています。原子核は＋、電子は −の電気を帯びていますが、全体としての電気量は０です。原子番号が１つ増えると、原子核の電気量が１つ増えます。

原子番号	原子名	原子核の電気量	電子−の数	全体の電気量
1	水　素	1 ＋	1	
2	ヘリウム	2 ＋	2	
3	リチウム	3 ＋	3	
4	ベリリウム	4 ＋	4	± 0
5	ホウ素	5 ＋	5	
6	炭　素	6 ＋	6	
⋮				
94	プルトニウム	94 ＋	94	± 0

■ 原子核の内部構造

　原子核の内部を詳しく調べると、陽子（＋の電気を帯びた粒）と中性子（電気を帯びていない粒）があります。陽子の数は、原子番号と同じです。しかし、中性子の数はいろいろです。同位体は、陽子の数（原子番号）が同じなのに、中性子の数が違う原子どうしのことをいいます。１つの元素には、いくつかの原子があるのです。

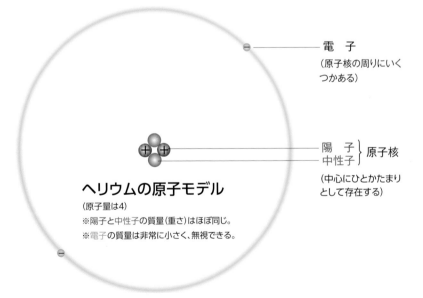

電　子
（原子核の周りにいく
つかある）

陽　子 ｝原子核
中性子

（中心にひとかたまり
として存在する）

ヘリウムの原子モデル
（原子量は4）
※陽子と中性子の質量(重さ)はほぼ同じ。
※電子の質量は非常に小さく、無視できる。

■ 電子の正体

　電子は、原子核の周りを飛び回る粒子で、電気量は−１です。この電子は、乾電池や家庭の電流そのものであり、雷や静電気も同じ粒子です。なお、この本では電子を−として表現します。

空中放電 (電子線)
高い圧力で電子を押し出すと、空気中を飛ぶ電子を観察できる。

水素元素の同位体 (アイソトープ)

軽水素	プロチウム ・自然界に99%以上 ・いわゆる水素原子 原子量1
重水素	ジュウテリウム 原子量2
三重水素	トリチウム 原子量3

※似たような語「同素体 (p.38)」

原子量は「質量の比」
原子量とは、原子どうしの質量（g）を比べたもの。基準は陽子6個、中性子6個の炭素原子（原子量12）。

原子量の決め手は中性子
原子量は、陽子＋中性子＋電子。しかし、電子の質量は陽子や中性子の1/1800（無視）。原子番号＝陽子の数（固定）なので、原子量は中性子の数で決まる。

■ 電子配置のモデル（原子番号18番まで）

1族	2族	13族	14族	15族	16族	17族	18族
H 水素（1+）			は電子軌道　　は最外殻電子の軌道　※電子⊖の出入りはp.116				He ヘリウム（2+）
Li リチウム（3+）	Be ベリリウム（4+）	B ホウ素（5+）	C 炭素（6+）	N 窒素（7+）	O 酸素（8+）	F フッ素（9+）	Ne ネオン（10+）
Na ナトリウム（11+）	Mg マグネシウム（12+）	Al アルミニウム（13+）	Si ケイ素（14+）	P リン（15+）	S 硫黄（16+）	Cl 塩素（17+）	Ar アルゴン（18+）

■ 電子の軌道、最外殻電子

電子の軌道、および、1つの軌道に入ることができる電子数は決まっています。内側から順に2個、8個、8個…で、8個になることをオクテット則といいます。1番外側の軌道にある電子を最外殻電子といい、これによって原子そのものの特徴や性質が決まります。周期表の同族の性質が似ているのは、最外殻電子の数が同じだからです。

元素周期表における1〜18番の位置
なお、表の空欄はp.16で名前を紹介しただけの元素。中学で覚えたい原子（元素）はp.116。

■ 原子の大きさと数

原子はとても小さく、肉眼で見ることはできません。たとえば、コップ1杯の水180gには、6 020 000 000 000 000 000 000 000個の粒（水分子）が含まれています。水分子1個は、水素原子2個と酸素原子1個が結合した化合物です。水分子も、肉眼では見えません。

原子核を変える錬金術
昔の人々は、どこにでもある金属から貴金属をつくろうとした（錬金術）。これには原子核を変える核融合、核分裂の技術が必要だった。この錬金術のおかげで化学の研究が大きく発展した。

■ 原子核と電子の距離

原子核や電子は、とても小さい粒子です。したがって、それらの距離は地球と月ぐらい離れている、とイメージしましょう。p.18の原子モデルは、紙面の都合上、接近しています。

生徒の感想
・自分でヘリウム原子のモデル図を書いたら、原子の構造がわかった。

3 貴ガス（6種類）

　貴ガスは、他の物質と反応しにくい高貴な気体、という意味です。元素周期表の右端に並ぶ、ヘリウム、ネオン、アルゴン、クリプトン、キセノン、ラドンの6つです。原子1個だけで存在できるので、単原子分子ということもあります。

元素周期表における貴ガスの位置
周期表の右端は第18族。ここに並ぶ元素を貴ガスという。

貴ガスは、単原子分子
通常の分子は、水素（H_2）、塩素（Cl_2）、塩化水素（HCl）のように、複数の原子が集まって、1つの物質としての特徴をもつ。しかし、貴ガスの6つの原子だけは、原子1個で物質として存在できることから、単原子分子という（p.30）。

■ 貴ガスの特徴

> （1）常温で、無色無臭の気体
> （2）融点や沸点が低く、気体になりやすい
> （3）電流や熱の伝導性が低い
> （4）反応しにくい不活性な物質（不活性元素、ともいう）

原子番号	原子の記号 物質名	特性を利用した活用方法など
2	**He** ヘリウム	**飛行船** 空気よりも軽く、爆発しにくい気体ヘリウムが入っている。また、ヘリウムガスを肺に吸い込んでからしゃべると、甲高い声に変わる※。
10	**Ne** ネオン	**ネオンサイン** 放電管の中にネオンやアルゴンなどの不活性ガスを入れると、いろいろな色を出して光る。
18	**Ar** アルゴン	**アルゴン溶接** 金属を溶接するときは、金属が空気中の酸素と化合しないようにアルゴンガスを吹きつけながら行う。アルゴンは、大気中に1％存在する（p.30）。

※高濃度のヘリウムガスの吸引は危険なので注意。

不活性な理由は、電子配置にある

　貴ガスの電子配置は、とても安定しています。最外殻電子の数は
8個（ヘリウムは2個）で、他の原子と反応しにくい数になっています。

原子名	ヘリウム	ネオン	アルゴン	クリプトン	キセノン	ラドン
モデル	2+	10+	18+	36+	54+	86+
原子番号	2	10	18	36	54	86
電子数	2	10	18	36	54	86
電子配置※	2	2・8	2・8・8	2・8・18・8	2・8・18・18・8	2・8・18・32・18・8

※各軌道に入る電子数を内側から並べた。

原子番号	原子の記号 物質名	特性を利用した活用方法など
36	Kr クリプトン	**クリプトン電球** 高温でも反応しないので、電球の中に入れ、フィラメントが昇華するのを防ぐ。アルゴン電球も同じ。
54	Xe キセノン	**車のヘッドライト** 放電管にキセノンを入れると、強い光を出す。キセノンは、ギリシャ語で「奇妙な」の意味。
86	Rn ラドン	**ラドン温泉** 健康に良いとされる放射線を出す性質もある。貴ガスの中では、一番不安定な物質。

貴ガスのようになりたい電子たち

貴ガス以外の自然界に存在する原子88種類の電子は、貴ガスのように安定した電子配置をとろうとする。その結果、電子を放出したり受け取ったりするので、電気を帯びた原子、イオンになる（p.116）。

生徒の感想
・ヘリウムガスなら夜店で吸ったことあるよ。
・宇宙星人の名前みたい。

4 金属（72種類）

　金属（メタル）とは何か知っていますか。金属は、元素94種類のうち72種類を占める、次のような特徴をもった原子です。

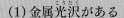

（1）金属光沢がある
（2）延性（引っ張ると伸びる）、展性（たたくと広がる）がある
（3）25℃で固体（水銀だけは液体）
（4）電流や熱の伝導性が高い
（5）加熱すると、原子固有の色を出す（炎色反応、p.24）
（6）水溶液の中で＋イオンになる（p.140）
（7）非金属とイオン結晶をつくる（イオン結合、p.118）

元素周期表における金属の位置

イランの金貨
為政者が変わると、権力基盤の1つとして貴金属を使った硬貨が鋳造された。貴金属は希少で化学的に安定した金属で、金や白金など8種類ある。

銅の板金
たたくと薄く広がる性質を利用し、さまざまな道具がつくられる。

■ 身近に見られる主な金属（単体）

Li（リチウム） 宇宙で1番軽い金属で、電池をつくる材料として利用される。貴重な金属なので、回収・リサイクルする。

Na（ナトリウム） 海水中に Na^+ として、たくさん存在する。固体を水に入れると、爆発的な反応をする。

Ca（カルシウム） 骨や歯に含まれるカルシウムは金属の1つである。原子番号20番。

Au（金） 酸化することなく、黄金の輝きを保つことから、世界中の人々に愛されている。

Fe（鉄） 鉄道のレールは、電流を流す必要がある（鉄に関するデータ p.65欄外）。

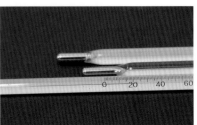

Hg（水銀） 液体（25℃のとき）で存在する唯一の金属。

■ 自由電子による金属結合

　金属の特徴は、自由電子によって説明できます。自由電子は、原子核と原子核の間を自由に動きます。金属が電気をよく通す性質は、この自由電子によって直感的につかめるでしょう。

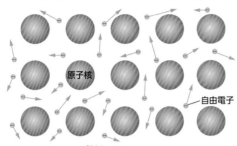

原子核

自由電子

※違う種類の金属を混ぜてつくった合金（ごうきん）の場合も、自由電子によって結合する。同時に、金属としての性質を保つ。

■ 身近に見られる主な合金（混合物）

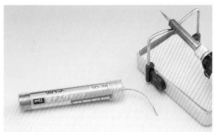

ハンダ　鉛（なまり）と錫（すず）の合金で、低温で融（と）ける性質をもち、電気の配線に使われる。最近は鉛の入っていないハンダもある。

黄銅（おうどう）でつくられたトロンボーン　銅と亜鉛の合金で、真鍮（しんちゅう）と呼ばれることもある。黄銅は5円硬貨、金管楽器、仏具の材料としても利用される。

■ 元素（94種類）の分類

　自然界にある元素94種類は、大きく3つに分類されます。そして、それぞれの特徴にしたがって物質として存在します。

	主な特徴
金　属 （72種類）	・自由電子をもつ ・金属どうしで、金属結合をする（合金にもなる） ・非金属と結合するときは、イオン結合で結晶をつくる（p.118）
非金属 （16種類）	・単独で存在することは少ない ・非金属どうしで共有結合し、分子をつくる（p.31）
貴ガス （6種類）	・単体で存在することが多い（p.20） ・非金属の仲間に入れることもある

金属の化学式
金属の化学式は、元素の記号と同じ（貴ガスも、化学式＝元素の記号）。

銅を使った硬貨（合金）

500円 バイカラー・ クラッド	・外側：銅と亜鉛とニッケル（ニッケル黄銅） ・内側：表層は白銅（合金）、内層は銅100%
100円	・銅とニッケル（白銅）
50円	・銅とニッケル（白銅）
10円	・銅とスズと亜鉛（青銅）
5円	・銅と亜鉛（黄銅、真鍮（しんちゅう））

※成分比は、硬貨や発行年などで異なる。

ステンレス（主成分：鉄）
ステンレスは「錆びない」という意味。鉄にクロムやニッケルを混ぜた合金。金属結合している。

西洋の甲冑（せいようのかっちゅう）
人類は錬金術（p.19）以外にも、他人を傷つけ自分を守るために、いくつかの金属を混ぜて新しい性質を求めてきた歴史がある。正しい利用をすることが求められる。

自然界から金属を取り出す方法
酸化銅の還元（p.64）、製鉄（p.65）。

自然界にある元素94種類

5 金属の炎色反応

金属原子は、高エネルギー状態から戻るときに色を出します。夏の夜空を彩る花火の色は、火薬に含まれる金属の種類で決まります。緑は銅、線香花火のようにぱちぱちとオレンジ色を放つのは鉄です。

炎色反応する主な原子の位置
1番左端（第1族）をアルカリ金属、第2族をアルカリ土類金属、という。

準　　備

- いろいろな金属を含む溶液
- 食塩水
- スプーン、アルミホイル

⚠ **注意**　火傷、換気、廃液

- 廃液処理は先生の指示にしたがう。

ろ紙は燃えない
金属原子は比較的低温で炎色反応を示すので、ろ紙が先に燃えることは少ない。紙の発火点は300℃以上（p.82）。

■ ろ紙を使った炎色反応

①：濃い食塩水をつくり、ろ紙につける。　②～③：炎に接触させると、金属ナトリウムが熱エネルギーをもらい、美しいオレンジ色を出す。　④、⑤：硫酸銅水溶液をつくり、同じように調べる。銅原子が緑色を放つ。ろ紙が燃えていないことにも着目。

■ 金属原子が光を出すときのモデル

加熱された金属が出す固有の光は、電子の動きから説明できます。まず、電子は熱エネルギーをもらい、いつもより高い位置へ移動します。最外殻電子の軌道の変化です。光を出してエネルギーを失うと、もとの位置に戻ります。

①電子は、いつもの軌道にいる。

②加熱すると、電子の軌道が高くなる。

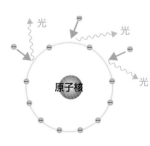

③冷えると、光エネルギーを出して、いつもの軌道に戻る。

燃焼皿を使った炎色反応

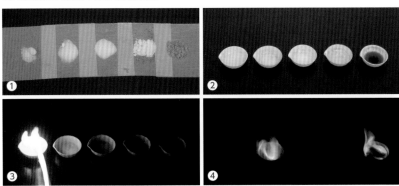

金属を含む主な物質と光の色		
塩化リチウム	LiCl	赤
塩化カルシウム	CaCl$_2$	橙
塩化ナトリウム	NaCl	黄
塩化バリウム	BaCl$_2$	緑
塩化銅	CuCl$_2$	青
塩化カリウム	KCl	紫
鉄（粉）	Fe	火花
マグネシウム	Mg	白

第2章

①：左から、塩化ストロンチウム、塩化ナトリウム（食塩）、塩化カリウム、塩化カルシウム、塩化銅。　②：燃焼皿に入れ、エタノールで溶かす。　③：部屋を暗くしてから、素早く点火する。　④：点火直後の様子。

銅粉と鉄粉による炎色反応
ガスバーナーに直接振りかけたもの。

反応後の燃焼皿

⑤～⑦：初めはエタノールが燃焼しているだけであるが、温度が上がってくると金属原子のエネルギーが高まり固有の色を出す。初めにナトリウムと銅が反応した。

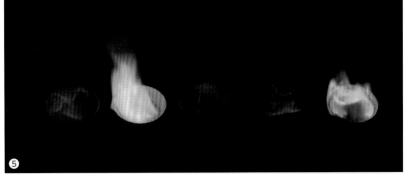

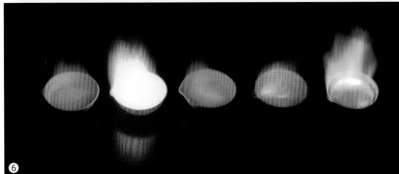

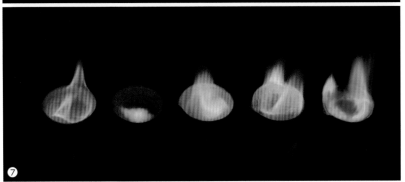

✎ 　生徒の感想　

・ 幻想的でとても奇麗でした。

・ 金属は興奮すると色を出す。その反応で僕も大興奮！

6 1円硬貨の密度

すべての原子は固有の密度をもっています。1円硬貨が純粋なアルミニウムなら、密度2.7g/cm³になるはずです。さあ、できるだけたくさんの1円硬貨を集め、実験で確かめてみましょう。

準　備

• 1円硬貨　　20～100枚
• 電子てんびん
• メスシリンダー

1円硬貨（日本）

約 22,000,000,000,000,000,000,000個のアルミニウム原子でできている。その質量は1g。

上皿てんびん

上皿てんびんは質量（g、物質の量）の測定器具。これに対し、電子てんびんは原理的に重さを測定する。質量と重さ（N、重力）は区別するが、中学では質量＝重さ、としても良い。

■ ステップ1：質量（g）の測定

電子てんびんで質量を測定すると、25枚で25g、73枚で73g。つまり、1円硬貨は1枚1gであることがわかります。

■ ステップ2：体積（cm³）の測定

メスシリンダーと水を使えば、不規則な形の物体でも量れます。

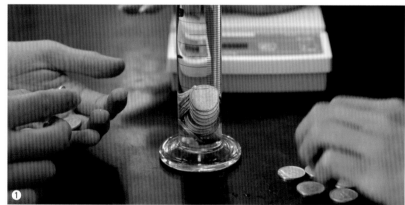

①：体積は、初めに適当な量の水を入れておき、1円硬貨を入れた後の「増えた量」として求める。1円硬貨の体積（cm³）= 入れた後の体積 − 初めの体積

■ 測定結果から、密度を求める

	硬貨の数	質　量	体　積		密　度
測定1	25	25g	9.3cm³	下の公式を使って計算	2.7g/cm³
測定2	73	73g	27cm³	→	2.7g/cm³
測定3	100	100g	37cm³		2.7g/cm³

■ 密度の公式

$$ 密度（g/cm³）＝質量（g）÷体積（cm³） $$

密度の公式は、固体だけでなく、気体や液体状態の物質にも使うことができます。p.28欄外を見てください。例えば、氷と水（液体）と水蒸気には、それぞれ固有の密度があり、この数値から、氷は水（1g/cm³）に浮くことがわかります。水の密度より小さな物質は、どんなに大きくても浮きます。

質量と重さ

質量	• 物質そのものの量 • 単位は、g（グラム）
重さ	• 物体と物体が引き合う力の大きさ（測定場所によって異なり、地球と月を比較すると、月では1/6の大きさになる） • 単位は、N（ニュートン）

■ メスシリンダーの目盛りの読み方

　目盛りのある測定器具は、目の高さで、目分量で**目盛りの 1/10 の値（有効数字）**まで読みます。液体は表面張力を無視して、水平な水面で読みます。下の写真①〜③は、同じものですが……。

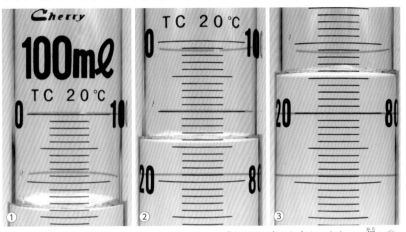

①〜③：左から順に 100mL、90mL、80mL の目盛りに目の高さを合わせたもの。仮に②で読むと、水 85.6mL（cm³）になる。

④：立方体を入れたもの。　⑤：目の高さを液面に合わせて読む生徒。

■ アルキメデスと王様の王冠

　古代ギリシャのアルキメデスは、王冠が純金でないことを調べるために、次のように考えました。「他の物質を混ぜると、重さを同じにしても体積が変わる。銀を混ぜたなら、体積が大きくなるはずだ」

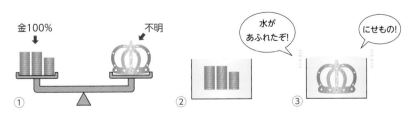

①：王冠と同じ質量の金を用意する。　②：金を水桶に入れ、あふれた水の量で体積を求める。　③：王冠を水桶に入れ、②の量と比べる。王冠が純金なら体積②＝③。

有効数字（測定で得た値）

目盛りを使って目分量で読むことができる数字。不確かさを含み、信頼性は低い。

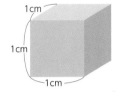

1cm×1cm×1cm＝1cm³

密度の基準になる体積

固体や液体は、1 辺が 1cm の立方体。気体は体積が大きいので 1m を 3 回かけた m³ にすることもある（p.29）。

立方体の体積は計算できる

立方体の体積は、次の計算式で求められる。体積 ＝ 縦 × 横 × 高さ。

生徒の感想

・1 円硬貨 100 枚は、正確に 100g だった。
・アルミニウムは水に浮くと思っていたけれど、沈んだ。水の密度 1g/cm³ と比較すると、アルミニウムの密度は 2.7 倍大きいから当然だ。

7 いろいろな物質の密度

日常生活でいろいろな物体を持ち上げたとき、見た目より軽く感じたり重く感じたりするものがあります。私たちは、経験によって物体の形、大きさ、質感からだいたいの重さを予想できるので、意外な重さを感じるものがあるのです。

準　備

- いろいろな物質
- てんびん
- メスシリンダー

主な金属(20℃)、物質の密度(g/cm³)

アルミニウム	2.70
カルシウム	1.6
鉄	7.87
銅	8.96
銀	10.50
鉛	11.4
水銀（液体）	13.55
金	19.32
水（液体、4℃）	1.00
氷（固体、0℃）	0.92
水蒸気（100℃）	0.000 60
ショ糖	1.59
PE	0.92～0.96
PET	1.38～1.40
エタノール（液体）	0.79
海水（液体）	1.01～1.05
硫酸（液体）	1.9

※主な気体の密度は、p.29。
※密度は「温度や圧力」で変化する。
※金属は20℃の値。
※硫酸（1.9g/cm³）は、同体積の水と比べると約2倍重い。

■ 身の回りの物質の密度の測定、その結果

①、②：前ページと同じ手順で、質量と体積を測定する。

	質　量	体　積		密　度
アルミニウム	132.8g	49.2cm³	公式で計算 →	2.70g/cm³
石A	37.8g	13.4cm³		2.82g/cm³
石B	20.7g	7.6cm³		2.72g/cm³

■ 結果の考察：形や大きさが変わっても、密度は同じ

上表の右端を見てください。石AとBは、大きさに関係なくほぼ同じであることがわかります。今回調べた石の主成分は、同じ SiO_2（二酸化ケイ素）だったからです。つまり、密度が同じなら、同じ物質であることが推測されます。

同じ体積なら、密度の大きいほうが下がる（重い＝質量が大きい）。

上：密度測定用体。銅、アルミニウム、鉄、ステンレス（合金）がある。

授業では、上の密度測定用体でも練習しました。同じ実験をくり返すことで、形や大きさは違っても、見た目からおよその判断ができるようになりました。みなさんはどうですか。色、手触り、質感、表面の様子などは見た目だけでは難しいのですが、固有の数値である密度は、測定によって厳密に求められます（p.28欄外、p.29欄外）。

生徒の感想

- 次の実験では、水に浮くものを測定したい。細い棒で押して水に沈めれば良いと思う。
- 消しゴムの密度は1.7g/cm³（質量12g、体積7cm³）だった。

8　水素のシャボン玉で遊ぼう

　気体にも質量（重さ）と体積があります。水素のシャボン玉をつくり、空気より軽いこと（密度が小さい、比重が小さい）を確かめましょう。シャボン玉をライターで点火、爆発させることもできます。

準　備

- シャボン玉セット
  （石鹸、洗濯のり、水）
- 水素ボンベ、ライター

⚠ 注意　爆発

- 水素ボンベの取り扱いに注意。

気体の密度の求め方
気体の密度は、温度や圧力の影響を受けやすいので、0℃、1気圧の状態で求める。その単位は、kg/m^3。

主な気体の密度（kg/m^3）

水　素	単体	0.08
窒　素		1.17
空　気		1.21
酸　素		1.33
塩　素		3.00
水蒸気（100℃）	化合物	0.60
アンモニア		0.72
塩化水素		1.53
二酸化炭素		1.84

※空気（混合物）の値は、大気に含まれる窒素や酸素などの割合（p.30）から計算する。

生徒の感想

- 初めは大きなシャボン玉ができても、スルーすることが多かったけど、最後は確実に火をつけられるようになった。

■ シャボン玉で遊びながら、気体の密度を感じる実験

①、②：屋外でシャボン玉づくりをして遊ぶ。呼気は、密度が大きい二酸化炭素の割合が周囲の空気よりも増えるので、風がなければ落下する（水溶液の質量も加わる）。

■ 水素のシャボン玉の実験

①、②：水素ボンベのストローの先にシャボン液をつけ、ゆっくりとガスを出す。勢いよく出るので注意。　③、④：上昇するシャボン玉に、ライターで落ちついて点火する。

⑤〜⑨：慣れてくると、上昇するシャボン玉の速さに合わせて、ライターを移動させ、内部の水素に確実に点火することができる。化学反応式は p.54。水素でつくったシャボン玉は、空気よりも軽いので、風のない室内でも上昇する。

第**3**章 分　子

　分子は、16種類の非金属原子からつくられたものです。同じ種類、あるいは、違う種類の原子が結合し、いろいろな物質になります。その結合力は強く、気体として存在することが多いので、大気の成分として実験によく登場します。また、6種類の貴ガス（p.20）は、原子1個で気体として存在できるので、単原子分子ということがあります。

1　大気をつくる分子「気体」

　気体＝分子、とおおざっぱに捉えてみましょう。地球の大気には、下の円グラフにある物質が気体として飛び回っていますが、それらは全て分子といわれる小さな粒子です。

元素周期表における非金属の位置
紫色は貴ガス（第18族 p.20）。緑色はいわゆる非金属原子（16種類）で、これらが単独で、あるいは共有結合して分子をつくる。

■ 地球大気に含まれる気体の割合

N_2	窒　素	78%
O_2	酸　素	21%
Ar	アルゴン、その他	1%
CO_2	二酸化炭素	0.04%

※二酸化炭素 0.04％は、円グラフで表すことができないほど微量。
※水蒸気（水）の割合は、気温や圧力によって大きく変化する。

CO_2（二酸化炭素）
気体のCO_2は、高価なボンベを購入しなくても、簡単につくることができる（p.34）。また、固体はドライアイスとして入手できる。

■ 大気に含まれる分子モデル

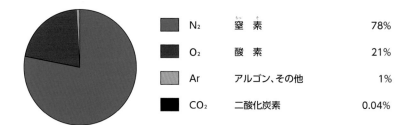

窒素原子
窒素（分子式 N_2）

酸素原子
酸素（分子式 O_2）

アルゴン原子
アルゴン（分子式 Ar）

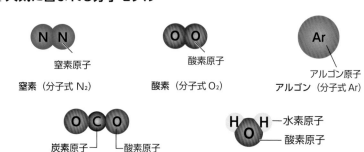

炭素原子　　酸素原子
二酸化炭素（分子式 CO_2）

水素原子
酸素原子
水（分子式 H_2O）

※これらの気体は、いずれも非金属原子が結合してできた物質。

■ いろいろな分子模型を作る

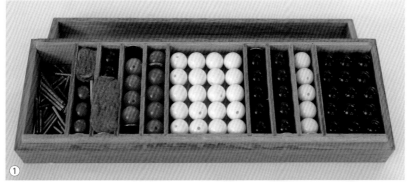
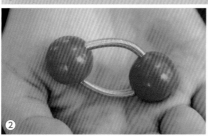

①：分子模型セット。原子にはそれぞれ決まった数の穴（結合する穴）がある。　②：赤い酸素原子2つで、酸素分子の完成！　③：モデル作りをしてくれた生徒。

分子模型の原子の色

水　素	白
炭　素	黒
窒　素	茶
酸　素	赤
硫　黄	黄
塩　素	緑
リ　ン	オレンジ

窒素分子（N₂）のモデル

窒素の化学式は、N₂。しかし、共有結合するときの腕は3本。その理由は最外殻電子の数にある（p.116）。酸素分子の腕が2本ある理由も同じ。

■ 共有結合で分子をつくるモデル

　非金属どうしが結合する方法を共有結合といい、できた物質を分子といいます。共有結合は、原子が互いの電子を共有し合うことで結合する方法ですが、その結合力はとても強いものです。

共有結合

貴ガス以外の原子は、単独でいるとき、電子の位置が不安定。

電子を共有し合うことで、電子配列が安定する。

確認しよう！（物質の数・原子の数）

水素原子1個	H	エイチ
水素原子2個	2 H	にエイチ
水素分子1個	H₂	エイチツー
水素分子2個	2 H₂	にエイチツー
水素分子3個	3 H₂	さんエイチツー

※一般に、水素は水素分子をさす。

原子の数は、右下に小さく書く

H₂の2やCO₂の2は、原子の記号の右下に小さく書く。上に書くと2乗、3乗の意味になる。

■ 主な分子の分類

　分子は純物質（p.7、p.9）なので、単体と化合物に分類できます。

単　体 （同じ原子が結合した純物質）		化合物 （違う原子が結合した純物質）	
N₂	窒　素	CO₂	二酸化炭素
O₂	酸　素	H₂O	水
Ar	アルゴン（単原子分子）	NH₃	アンモニア
Cl₂	塩　素	H₂O₂	過酸化水素
H₂	水　素	HCl	塩化水素（塩酸）
O₃	オゾン	有機化合物（でんぷん、プラスチックなど。有機物と同じ p.11）	
Br₂	臭　素（常温で液体、猛毒）		

化合物の化学式は組成を示す

化合物をつくる原子の割合を「組成」という。例えば、H₂O は H:O = 2:1、NH₃ は N:H = 1:3。

⚡ **生徒の感想**

・模型づくり楽しかったです。また手伝います。

第3章

31

2 酸素をつくって調べよう

私たちが呼吸につかう酸素は、酸素原子2つが結合した分子です。消毒液オキシドールを使って酸素の水溶性と助燃性を調べましょう。

酸素分子（O₂）のモデル
酸素原子2個が結合した物質。

燃焼と助燃性
物質の燃焼を助ける性質を助燃性という。燃焼は光や熱を出す化学反応で、酸素がなくても生じる。オゾン、一酸化窒素、二酸化窒素などがもつ。また、火薬や爆薬は酸素を使わない。

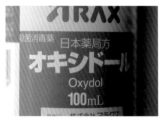

オキシドール
消毒液として市販されているものは、過酸化水素の3％水溶液。酸素はオキシゲンという。

触媒
触媒は、反応のきっかけになる物質。反応によって変化しないので、くり返し使うことができる。今回の実験では、レバー、ジャガイモ、二酸化マンガンなどが触媒となる。

■ 酸素のつくり方と助燃性の実験

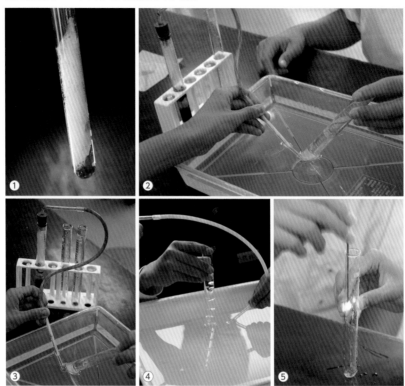

①：オキシドールにレバー（触媒）を入れる。　②～④：発生した酸素を、水上置換法（写真）・上方置換法・下方置換法で集める（各方法の結果：下表）　⑤：試験管にたまったら、火のついた線香を入れる。

$$2 H_2O_2 \xrightarrow[分\ 解]{触媒を入れる} 2 H_2O + O_2$$

過酸化水素　　　　　　　　　　　　　　　水　　　酸素

■ 火のついた線香を入れた結果と考察

水上置換法	上方置換法	下方置換法
ぽんっ、と音を立て燃え上がった（p.33）	変化なし →酸素が集まらなかった	ぽんっ、と音を立て燃え上がった

　上の結果から、酸素は空気より重い（密度が大きい）こと、水にあまり溶けないこと、の2点がわかります。なお、気体の密度（質量と体積の関係）はp.29にありますが、実際に集めるときは、空気との重さと比べた比重（p.37）を見たほうが簡単です。

■ 火がついた線香を入れたときの反応

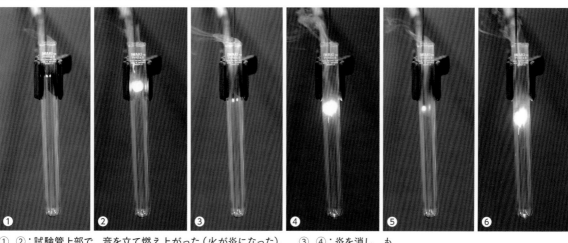

①、②：試験管上部で、音を立て燃え上がった（火が炎になった）。　③、④：炎を消し、もう一度線香を入れる。　⑤、⑥：同じことをくり返すと、酸素がどこまであるか、1回の小爆発でどれだけ酸素を必要とするか、がわかる。

■ 気体の集め方 (捕集法)

　気体を集める方法は3つあります。そのうち、水中で集める水上置換法は気体を目で確認できるだけでなく、他の気体と混ざらないことから理想的な方法です。水に溶けない気体ならこの方法で行い、溶ける気体なら空気との重さを比べて、上方か下方かを決めます。

水上置換法	上方置換法	下方置換法
• 水中で集める ※気体ではこの捕集法が理想的	• 空気中で集める • 試験管の口を下にする	• 空気中で集める • 試験管の口を上にする
• 水に溶けない気体 　→ H_2（水素）、O_2（酸素） ※水に少し溶ける気体もこの方法 　→ CO_2（二酸化炭素）	• 水に溶ける気体 • 空気より軽い（比重が小さい）気体 　→ NH_3（アンモニア）	• 水に溶ける気体 • 空気より重い（比重が大きい）気体 　→ HCl（塩化水素）、Cl_2（塩素）

※主な分子（気体）の性質のまとめ（p.38 欄外）

3 二酸化炭素をつくって調べよう

二酸化炭素は大気中に0.04％しかありませんが、私たちの呼気に含まれる身近な物質です。3つの方法でCO_2をつくり、その性質を調べましょう。

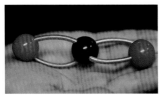

二酸化炭素分子（CO_2）のモデル
炭素原子（黒）1個と酸素原子（赤）2個が結合した物質。

石灰岩と塩酸の反応
石灰岩は、大昔の貝やサンゴの骨が海底に堆積してできた岩石。主成分は炭酸カルシウム（p.7）。塩酸と反応し、二酸化炭素を生じる。

大理石（$CaCO_3$）
石灰岩が熱などで変成し、美しく結晶したものを大理石という。

■ 発泡入浴剤でつくる

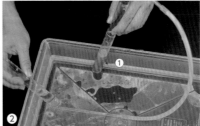

①：試験管に発泡入浴剤と水を入れる。　②：水上置換法で気体を集める。

■ 塩酸と石灰石（あるいは貝殻、卵の殻など）でつくる

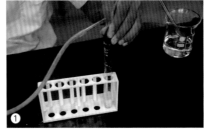
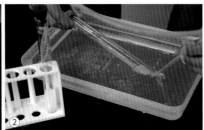

①：塩酸に石灰石（炭酸カルシウム）を入れる。　②：水上置換法で集める。

$$CaCO_3 + 2HCl \xrightarrow[\text{原子の組みかえ}]{\text{混ぜる}} CaCl_2 + CO_2 + H_2O$$

炭酸カルシウム　　塩酸　　　　　　　　　　塩化カルシウム　二酸化炭素　水

■ 重曹（炭酸水素ナトリウム）やベーキングパウダーでつくる

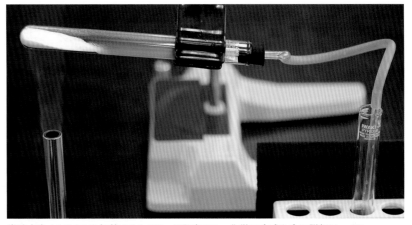

炭酸水素ナトリウムを加熱するとCO_2が発生する。化学反応式を含む詳細はp.68。

■ 二酸化炭素は、石灰水を白く濁らせる

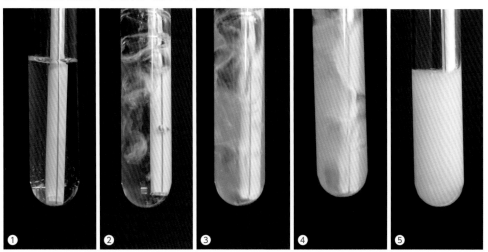

①～⑤：石灰水（水酸化カルシウム水溶液）を試験管にとり、ストローで息を吹き込む。白い沈殿ができる化学反応の詳細は p.103。

$$Ca(OH)_2 + CO_2 \xrightarrow[\text{原子の組みかえ}]{\text{混ぜる}} CaCO_3 + H_2O$$

水酸化カルシウム　二酸化炭素　　　　　　　　炭酸カルシウム　　水
　　　　　　　　　　　　　　　　　　　　　　（白い沈殿）

■ 二酸化炭素は、水に少し溶ける

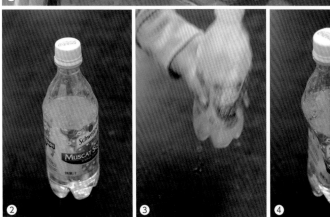

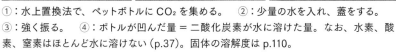

①：水上置換法で、ペットボトルに CO_2 を集める。　②：少量の水を入れ、蓋をする。
③：強く振る。　④：ボトルが凹んだ量＝二酸化炭素が水に溶けた量。なお、水素、酸素、窒素はほとんど水に溶けない（p.37）。固体の溶解度は p.110。

炭酸飲料水
炭酸ジュースやビールに含まれる気体は二酸化炭素。水に溶けると酸性を示す（酸っぱい味）。なお、酸素は水に溶けても中性。

⚡ **生徒の感想**

・二酸化炭素は、呼吸するだけでつくれるよ。動物は O_2 を吸って CO_2 を出す。「これを細胞呼吸といいます」って習いました。

・炭酸水の泡は二酸化炭素だった。

4 アンモニアの噴水

アンモニアは、生物にとって重要な窒素を含む化合物です。ここでは、水によく溶ける性質を利用して、噴水実験を行いましょう。

アンモニア水
これを温めて、気化したアンモニアを集めて実験に使っても良い。

アンモニア分子 (NH₃) のモデル
窒素原子1個、水素原子3個が結合した物質。

アンモニア (NH₃) のつくり方2つ

$NH_4Cl + NaOH$
$\longrightarrow NH_3 + NaCl + H_2O$

$2NH_4Cl + Ca(OH)_2$
$\longrightarrow 2NH_3 + CaCl_2 + 2H_2O$

※上記のつくり方は珍しい吸熱反応 (p.45)、本文は発熱反応。

■ アンモニアの噴水実験

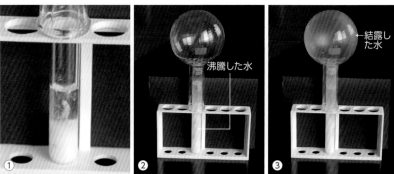

①〜③：NH₄Cl 3gと NaOH 3gに、水5mLを加える。発生したアンモニアを丸底フラスコで集める（上方置換法 p.33）。アンモニアは NH₄Cl 3gと Ca(OH)₂ 2gでつくる方法もある（欄外）。

塩化アンモニウム　水酸化ナトリウム

沸騰した水　　結露した水

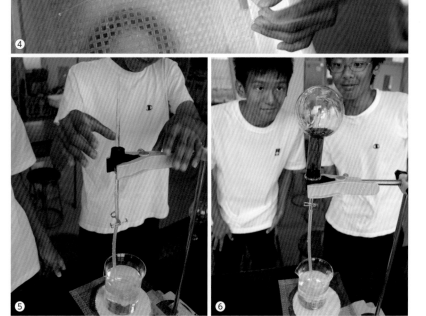

④：ゴム管からガラス管の先端まで水を入れ、ピンチコックでとめる。　⑤：ゴム管をビーカーに入れる（水にフェノールフタレイン溶液を少量入れておく）。　⑥：フラスコを取りつけ、ピンチコックを開き、少量の水を押し出すと、噴水が始まる。

⑦：ビーカーの水にフェノールフタレイン溶液を入れておくと、フラスコ内でアルカリ性水溶液に反応して赤くなる。　⑧：三角フラスコを使った授業の様子。

アンモニアの主な性質

(1) 空気より軽い（比重が小さい）。

(2) 非常に水に溶けやすい。

　　→ 水上置換法が使えない

　　→ 噴水ができる原因

(3) 水に溶かすとアルカリ性を示す。

　$NH_3 + H_2O \rightarrow NH_4^+ + OH^-$
　　　　　(p.116)　　(p.120)

(4) 有毒、特有の刺激臭がある。

指示薬「フェノールフタレイン溶液」

アルカリ性で、無色透明から赤色透明へ変わる。なお、固体のフェノールフタレインは水に溶けないので、エタノールに溶かしてから水で薄める（水溶液ではなく溶液 p.96）。

■ 噴水のしくみ（真空のフラスコにかかる大気圧）

　水 $1 cm^3$ に気体のアンモニアは $702 cm^3$ 溶けます。つまり、わずかな水でフラスコが真空になります。標準気圧 1013 hPa（$1 m^2$ あたり 10 t の力）は、高さ 10 m まで噴水を上げることができる圧力なので、実験装置を準備できるならとてもおもしろいと思います。

■ 主な気体（分子）の溶解度と比重

　塩化水素とアンモニアの溶解度に注目！　圧倒的な大きさです。

		溶解度 水1cm³に溶ける体積（cm³）	比　重 単位なし
H_2	（水素）	0.018	0.0695
N_2	（窒素）	0.016	0.967
空気、大気（p.30）		0.019	1.000 （密度は 1.29kg/m³。p.29）
O_2	（酸素）	0.013	1.105
Cl_2	（塩素）	2.30	2.490
CO_2	（二酸化炭素）	0.88	1.529
HCl	（塩化水素）	422	1.268
NH_3	（アンモニア）	702	0.597

※溶解度は圧力や温度で変化する（表は1気圧、20℃の場合）。

※固体の溶解度は p.110。

比重と密度の復習

密　度
・全ての物質は固有の密度をもつ
・単位：g/cm³（金属や固体 p.28）
・単位：g/m³（気体 p.29）
・質量（g）÷ 体積（cm³、m³）

比　重
・密度を、他の物質と比べた値
・単位：なし
※気体は空気＝1、とすることで、その集め方がわかる。
※液体と固体は水＝1、とする場合が多い。

生徒の感想

・噴水は途中で止まると思ったけれど、最後まで、フラスコいっぱいになった。理屈はわかるけどすごい。

5 いろいろな分子

分子は、共有結合（p.31）からできた物質です。分子をつくる原子は16種類ですが、それらの組み合わせはたくさんあります。とくに、炭素を含む有機化合物（有機物）には、膨大（ぼうだい）な種類があります。

p.38、39で紹介する原子の位置
すべて非金属の原子。上表とp.30欄外の表を比較すること。

気体の調べ方
(1) 色（塩素は黄緑）
(2) におい（直接嗅（か）がない！）
(3) 水溶性
　→溶ける・溶けない
　→リトマス、BTB（酸・アルカリ）
(4) 線香を入れる（酸素）
(5) マッチを近づける（水素）
(6) 石灰水に通す（二酸化炭素）

主な気体（分子）の性質のまとめ

性質　気体	色	毒性	臭い	比重	水溶性	PH	捕集
酸素 O_2	—	—	—	↓	—	—	水
二酸化炭素 CO_2	—	—	—	↓	△	酸	水
一酸化炭素 CO	—	有	—	↑	—	—	水
窒素 N_2	—	—	—	—	—	—	水
アンモニア NH_3	—	有	有	↑	◎	ア	上
水素 H_2	—	—	—	↑	—	—	水
塩化水素 HCl	—	有	有	↓	◎	酸	下
塩素 Cl_2	黄緑	有	有	↓	○	酸	下
メタン CH_4	—	—	—	↑	—	—	水
硫化水素 H_2S	—	有	有	↓	○	酸	下
二酸化硫黄 SO_2	—	有	有	↓	○	酸	下
オゾン O_3	薄青	有	有	↓	○	—	下

※気体の有機物（p.12）

同素体（どうそたい）
単体（1つの原子からできている物質）のなかで、原子配列や結合方法が違うものどうしを同素体という。例えば、ダイヤモンド（C）と黒鉛（こくえん）（C）とフラーレン（C）とカーボンナノチューブ（C）。酸素分子（O_2）とオゾン分子（O_3）。それらの特性は大きく異なる。

主な分子（共有結合によってつくられた物質）

単体	化合物
	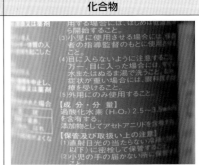
Cl_2（塩素） 有毒で、たくさんの性質をもつ。塩化銅や塩酸の電気分解で、その特性を調べる（p.142、148）。	**H_2O_2（過酸化水素）** オキシドールは、過酸化水素（気体）を水に溶かしたもの。消毒、酸素の発生、漂白（ひょうはく）に使う。

N_2（窒素） 大気の78%を占める物質。液体状態の液体窒素（−196℃）は、さまざまな実験に使われる。	**HCl（塩化水素）** 塩酸は、塩化水素（水素原子1個、塩素原子1個の化合物）を水に溶かしたもの。
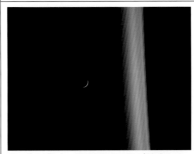	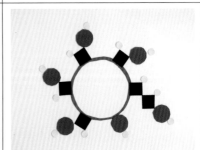
O_3（オゾン） 酸素原子3個が結合した物質。紫外線のエネルギーを吸収した酸素分子が反応してできる。（写真は地球大気）	**$C_6H_{12}O_6$（ブドウ糖）** 炭素6個、水素12個、酸素6個の化合物。有機物（炭水化物）の代表。グルコースともいう。
・酸素、水素 ・貴ガス6種類（単原子分子）	・アンモニア ・タンパク質（DNA、酵素、ホルモン）

6 分子がつくる結晶

分子は、目に見えない気体として存在することが多いのですが、たくさん集まって、目に見える結晶をつくることがあります。なお、下表のダイヤモンドとフラーレンは結晶構造が異なる同素体です。

■ 肉眼で観察できる分子の結晶

分子結晶	共有結合の結晶
・分子間力によって結晶する ・結合力が弱いので、昇華する（p.80）	・とても強い結晶構造をつくった物質 ・全体で1つの分子のようになる
	[GSJM15631]
I_2（ヨウ素） ヨウ素原子2個からなる分子が、弱い力で結晶したもの。貴ガス、水素や酸素も同じで、その結晶はやわらかい。	C（ダイヤモンド） 炭素原子だけで結合し、巨大な分子のようになった物質（3.6g/cm^3、電気伝導性なし）。黒鉛は2.2g/cm^3、電気伝導性あり。
	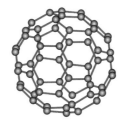
CO_2（ドライアイス） 分子どうしが、弱い分子間力によって結合した分子結晶。ばらばらの単独分子（気体）になる。昇華、凝華する（p.93）。	C（フラーレン） 1985年に発見された炭素原子60個の結晶（炭素の同素体）。サッカーボールのような形で、中空。カーボンナノチューブはこの一種。
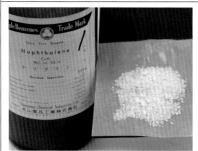	
$C_{10}H_8$（ナフタレン） 弱い力の分子間力で結合している。固体から、直接気体に状態変化する（昇華）。	SiO_2（二酸化ケイ素、水晶） ダイヤモンドと同じように、二酸化ケイ素分子が共有結合で結晶構造をつくった物質。

目に見えるレベルの物質

物質を構成する原子は小さくて見えないが、桁外れに集まれば見える。集まり方は次の2つ。

(1) 分子という単位で集まる
・主な気体（空気 p.38） ・共有結合の物質 （p.31） ・化学式＝分子式

(2) 最小単位がないまま集まる
・食塩、酸化鉄など多数 ・イオン結合の物質 ・化学式＝組成式（割合を示す）

ナフタレンの分子模型
芳香族炭化水素（強い臭いを放つ仲間）の代表。炭素10個と水素8個からなる。

アボガドロ（1776～1856）
多くの気体が分子からできていることを発見した科学者。また、小さな分子の数をかぞえるための単位として、「mol（モル）」を提案した（物理学の基本単位の1つ）。1モルは、炭素12gに含まれる炭素原子の数。6.02×10^{23}（602 000 000 000 000 000 000 000）。この数をアボガドロ数、という。

7 水の分子（H₂O）

水はとても身近な物質ですが、その性質は非常に変わっています。その特異性が地球に生命を誕生させた、とも言えるほどです。その原因の1つは、水素原子と酸素原子が一直線上に結合していないため、水分子が電気的な偏り「極性」をもつことです。

準　備

- 水
- ストロー（プラスチック製品）
- コップ
- 電子レンジ

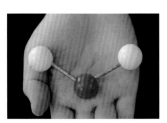

水分子（H₂O）のモデル
水素原子2個と酸素原子1個が結合した物質。極性分子の1つ。

H₂O の主な特性

- 常温（25℃）で液体
- いろいろな物質を溶かす（p.96）
- 酸とアルカリの中和反応でできる
- 電気的な極性をもつ
- 固体が液体中に浮く

水は電流を流さない

純水は電流を流さないので、水の電気分解では、水酸化ナトリウムを溶かして行う（p.146）。

電子レンジ
マイクロ波で水分子を振動させる。

■ 水分子をつくる3つの原子の並び方

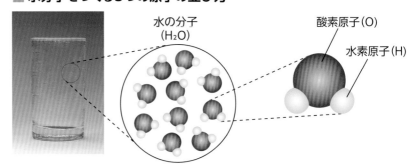

水の分子（H₂O）　酸素原子(O)　水素原子(H)

※原子どうしが直線的に結合していないので、電気を帯びた物質と反応したり、固体の結晶になるときに大きなすき間をつくったりする。

■ 水分子の極性を確かめる実験

水は静電気に反応します。帯電させたストローを近づけると、水分子が引き寄せられます。電気的な偏りをもっていることが一因です。

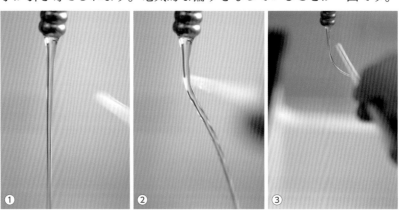

①〜③：ちょろちょろと水道水を出し、擦ったストローを近づける。帯電したストロー（－の電子）に引き寄せられることから、水分子の電気極性を推測できる。

■ 電子レンジは水分子を振動させる

電子レンジは、1秒間に24.5億回振動するマイクロ波を出す装置です。原理からいえば、すべての物質が振動し、摩擦によって熱エネルギーを発生してもよいのですが、実際は水分子だけが振動します。これは、水分子の性質（極性など）に大きく関係しています。

生徒の感想

- 冬に静電気がよく発生するのは、空気中に水がないからだった。
- 乾燥するとカサカサします。
- 電子レンジで水だけが温かくなることも、水分子の極性が原因。

■ 固体より、液体の方が重い（密度が大きい）水

　ほとんどの物質は、液体の中に固体を入れると沈みます。固体の方が重い（密度が大きい）からです。しかし、極性をもつ水分子は、水素結合によって固体の結晶が大きくなり、固体の方が浮きます。

水は固体が液体の中で浮く。一般的な物質の状態変化（固体・液体・気体）のモデル図はp.80。

水素結合のモデル
実際の結合は立体的、かつ、条件によって変化する。

■ 水分子がつくる結晶

　水分子どうしの結合は、温度と湿度の条件で変わります。それが、雪の結晶の違いとして観察できます。

①：角板。　②：角板付樹枝。　③：樹枝状六花。　④：扇型。

中谷宇吉郎（なかやうきちろう）（1900-1962）
雪の結晶について詳細に研究し、条件による結晶構造の変化をまとめた。

■ 湿度を変化させたときの、雪の成長モデル

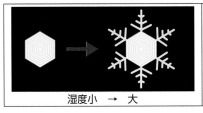

湿度小　→　大

湿度大　→　小

生徒の感想
・降ったばかりの雪はふわふわ。
・雪合戦したい！
・私は北海道でキラキラ光るダイヤモンドダスト（細氷）を見ました。

第4章 化学変化

　化学変化は、初めの物質がなくなってしまう、嵐のような変化です。1＋2＝3ではなく、A＋B→C、怪獣＋ケーキ→国語の教科書、のように変わるので、化学を科学と区別して「化け学」、ということがあります。また、この変化には必ずエネルギーが出入りします。第4章では、いわゆる化学らしい実験をたくさん楽しんでください。

1 化学反応式の ——矢印——→

　化学反応式に使われる記号は、＋と→です。重要なポイントは、→です。＝ではありません。→は、初めの物質がまるで違うものになることを意味します。

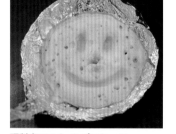

理科室でつくったパンケーキ
パンケーキの主な材料は、小麦粉（有機物）とベーキングパウダー（p.68）。物質を熱で化学変化させる点で、家庭の台所も小さな実験室。

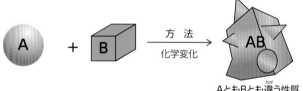

AともBとも違う性質

　化学反応式を書くときは、できるだけ長い矢印を書き、その上に実験方法、下に変化の名称を書くようにすると理解が深まります。

■ 化学変化の分類

A＋B ——化合——→ C	酸　化	・金属や気体が、酸素と結合すること
	硫　化	・金属や気体が、硫黄と結合すること
	塩　化	・金属や気体が、塩素と結合すること
A ——分解——→ B＋C	熱分解	・ある物質を加熱して分解すること（酸化銀の分解＝還元）
	電気分解	・ある物質を水に溶かし、電流を流して別の物質にすること
A＋B ——原子の組みかえ——→ C＋D	中和反応	・酸性とアルカリ性水溶液の中和反応
	その他	(1) 有機物の燃焼 (2) いろいろな気体をつくる反応 (3) 酸化銅と炭素の加熱実験（**酸化**と**還元**） (4) 光分解（ポスターや衣服の退色）

2 消したろうそくに火をつける

　消したばかりのろうそくからは白煙が出ています。その煙に火を近づけると、一瞬のうちに火が走り、再び点火します。白煙の正体は、小さなろうの粒と可燃性の気体（欄外）です。同じ現象は、消したばかりの物質なら何でも起こります。やってみましょう！

準　備

- ろうそく
- マッチ

反応中にできる可燃性の気体
H_2、CO、CH_4 など

■ ろうそくの白煙に炎を近づける実験

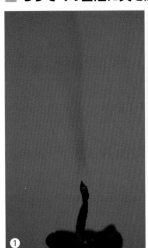 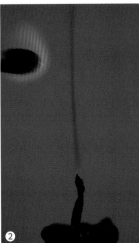 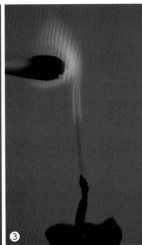 

①②③④

①：ろうそくを消し、白煙を確認する。　②～④：白煙にマッチの炎を近づけると、マッチの火が白煙を逆流するようにして走り、再び点火する様子を観察する。

目に見える状態
物質は固体、液体、気体の3つに状態変化する。このうち、見えるものは固体と液体で、気体は見えない。したがって、ろうそくの白煙は、小さな固体である。詳しくは、第5章「状態変化」で調べる。

■ ろうそくが燃えるときの化学反応式

　この化学反応式は、次の単純な式で表されますが、実際は、嵐のように原子と原子が反応し合った複雑な反応の結果です。初めはマッチから熱エネルギーをもらいますが、ひとたび反応が始まると、自ら熱や光を出して燃え続けます。

$$\text{ろう} + \text{酸素} \xrightarrow[\text{分解}]{} \text{二酸化炭素} + \text{水}$$
（有機物）　　　　　　→ 熱エネルギー

生徒の感想
- ろうそく1本の研究で、大化学者になれそう。

■ ろう、有機物の酸化

　ろうは、炭素を含む有機物です（無機物と有機物 p.11）。

空気中	・二酸化炭素と水になり、空気中に飛散する	$\text{有機物} + \text{酸素} \xrightarrow[\text{燃焼・酸化}]{} \text{二酸化炭素} + \text{水}$
無酸素	・固体の炭が残る（p.74）	$\text{有機物} \xrightarrow[\text{分解}]{} \text{炭素（炭）} + \text{水}$

※実際は、有機物に含まれるさまざまな物質によって複雑な反応をする。

3 マッチを何秒燃やせるか

あなたはマッチを点火できますか。そして、その炎をコントロールできるでしょうか。小さな炎を自分の手で持ち、注意深く観察してください。今回の目標は 30 秒間、マッチを燃やすことです。

⚠ 注意　火傷、換気

- 火傷をしてはいけない。しかし、どこまで安全に燃やすことができるか調べることが大切。それが、本当に火の危険性を知ること、火傷を未然に防止することにつながる。

ガスバーナー、マッチの使い方
YouTube チャンネル
『中学理科の Mr.Taka』

■ 正しいマッチの擦り方

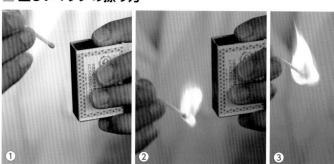

①：マッチと擦る面を鋭角にし、角度を保ったまま擦る。　②、③：点火したら、しばらくそのままの角度にして軸を燃やす。

自分の記録を発表する生徒

■ マッチを長時間燃やす方法

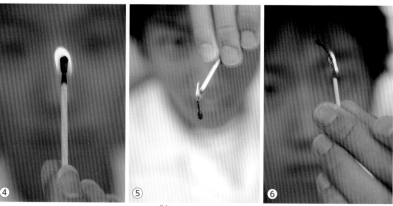

④〜⑥：長く燃えるように、マッチの軸を縦にしたり横にしたりする。そして、マッチが燃えていた時間を記録する。友達と交代しながら5本ずつ行う。

生徒の感想

- 最高記録 1 分 25 秒を出して大満足！
- 燃え始めは臭く、最後は煙が出た。
- 火傷したかと思ったけど、大丈夫でした。指が臭くなったけど…。

4 ダイナミックなエネルギーの出入り

原子の組み合わせが変わる化学変化では、必ず熱が出入りします。マッチが燃えると原子がばらばらになり、結びつけていた化学的エネルギーが解放され、熱や光として飛び出します（発熱反応）。逆に、原子どうしで結合させる場合は、エネルギーや熱が必要なので、温度が下がります（吸熱反応）。

また、エントロピーの変化でも熱エネルギーが出入りします。

エントロピー
物質の乱雑さ。物理学のエネルギーで簡単に学習する。

生徒の感想

- 水に溶かすだけで温度が変わる。しかも、熱を発生する物質と、熱を吸収する物質がある。不思議。

■ よく見られる発熱反応

　化学変化の多くは発熱反応です。燃焼や中和、生物の呼吸など、物質がばらばらになる変化です。みなさんが中学校で行う実験のほとんどはこれです。日常生活では、鉄と酸素の化合を利用したカイロ、都市ガスがあります（p.12）。下式はメタンの燃焼（発熱反応）です。

市販のカイロの中は、鉄と炭素

$$CH_4 \ + \ 2\,O_2 \xrightarrow[\substack{（燃焼）}]{\text{→ 熱エネルギー}} CO_2 \ + \ 2\,H_2O$$

メタン　　　酸素2個　　　原子の組みかえ　　　二酸化炭素　　水2個

■ 珍しい吸熱反応

　自然界において、吸熱反応は稀です。中学生は、化学変化＝発熱反応、と考え、珍しい吸熱反応だけ覚えると良いでしょう。植物の光合成は吸熱反応ですが、その重要性に気づくことも大切です。次に、温度が下がる変化を紹介します。

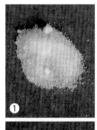
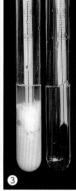

光合成する植物
植物は太陽エネルギーを使って、ブドウ糖を合成する。この吸熱反応は、地球の全生物の基盤となる化学変化、といえる。地球の温暖化の一因は、人類による地球規模の森林伐採とも考えられる。

$$6\,CO_2 + 6\,H_2O \xrightarrow[]{\text{光合成}} C_6H_{12}O_6 + 6\,O_2$$
ブドウ糖

①：水酸化バリウム3g。　②：塩化アンモニウム3g。　③：①と②を試験管に入れ、水5mLを加える。そして、温度変化を測定する。→　約5分で、27℃から16℃まで熱が下がった。　④：手の甲で触れて確かめる生徒。

$$2\,NH_4Cl \ + \ Ba(OH)_2 \xrightarrow[\text{熱エネルギー ←}]{\text{原子の組みかえ}} BaCl_2 \ + \ 2\,NH_3 + \ 2\,H_2O$$

塩化アンモニウム2個　　水酸化バリウム　　　　　　　　塩化バリウム　　アンモニア2個　　水2個

■ その他の吸熱反応

(1)　$NaHCO_3$　＋　レモン水（クエン酸）
　　　炭酸水素ナトリウム
(2)　硝酸アンモニウムを水に溶かす（欄外の冷却剤）
(3)　尿素を水に溶かす
(4)　p.36 欄外の方法によるアンモニアの生成

瞬間冷却剤
中にある袋を破って水を出し、吸熱反応を起こさせるものが多い。

5 ガスバーナーで完全燃焼させよう

ガスバーナーの空気調節ネジを正しく調節し、炎の様子から完全燃焼と不完全燃焼の違いがわかるようにしましょう。ガスと酸素分子が化合する様子がイメージできると、化学実験がより楽しくなります。

準　備

- ガスバーナー
- マッチ
- 試験管

⚠ 注意　火傷、換気

ガスバーナー

ガスバーナーは、3つに分解できる。

a：空気調節ネジ
b：ガス調節ネジ
c：基底部＋ガス調節ネジ

基底部にガス調節ネジをつけて点火すると、写真のように燃焼する。ガス調節ネジの中心にある直径2mmの穴から、空気（酸素）が混じっていないガスが、勢いよく噴出するしくみ。

ガスバーナーの使い方（点火）

(1) すべてのネジが動くことを確認してから、閉める。
(2) 元栓、バーナーのコックを開く。
(3) マッチを点火する。
(4) ガス調節ネジを開き、バーナーを点火させる。炎の大きさは、不完全燃焼（写真②〜⑥）のままガス量を調節して決める。
(5) 空気調節ネジを開き、炎を完全燃焼にする（写真①）。過酸素の炎（写真⑦〜⑬）は少量のガス量でつくる。

※消火は、逆順に行う。

■ 完全燃焼（青）→　不完全燃焼（赤）

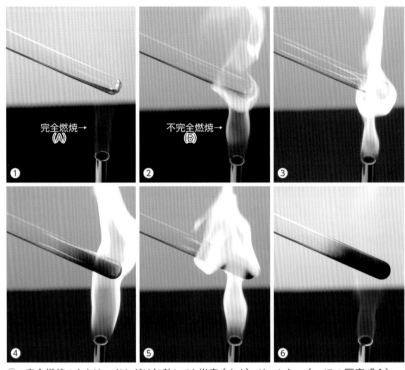

①：完全燃焼のときは、どれだけ加熱しても炭素（すす）がつかない（p.47の反応式A）。
②、③：空気ネジを閉じ、不完全燃焼（赤い炎）にして試験管を加熱する。　④、⑤：炭素が試験管に付着する（p.47の反応式B）。　⑥：完全燃焼の炎で確認する。

■ 過酸素の燃焼（鮮やかな青）

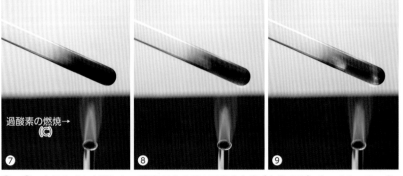

⑦〜⑨：空気ネジを全開にし、酸素が多すぎる不安定な炎（内炎が青）をつくる。その炎を試験管の黒い部分に当てる。

▓ 実験結果のまとめ

　酸素が十分にあれば「すす」はつきません。酸素が不足していると「すす」でまっ黒に、過酸素の炎であぶると「すす」が取れます。

A	都市ガス（有機物）$\xrightarrow{完全燃焼}$ 二酸化炭素　＋　水
B	都市ガス（有機物）$\xrightarrow{不完全燃焼}$ 炭　素　＋　水
C	炭素　＋　酸素 $\xrightarrow{過酸素の燃焼}$ 二酸化炭素

※都市ガスの成分は p.12 欄外。すす＝炭素

▓ 不完全燃焼の炎を紙に当てる実験

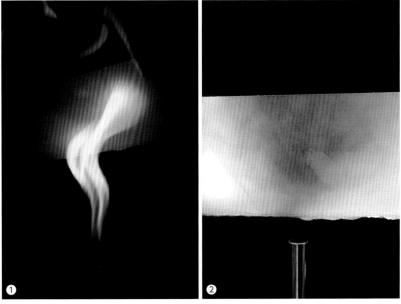

① ：不完全燃焼の炎を紙に当てる。温度が低いので、紙は数秒程度なら燃えない。
② ：白い紙に黒い炭素（すす）が付着したこと確認する。紙が焦げた色（茶色）とは違う。

水の発生
都市ガスを燃やすと水が生じることは、p.12 で調べた。

炎の詳細は p.63

第4章

> 👏 **生徒の感想**
> ・燃え方の違いは音でもわかるよ。完全燃焼はふぉー、不完全燃焼は静かにメラメラ、酸素が多すぎるときはゴーってこわい音。

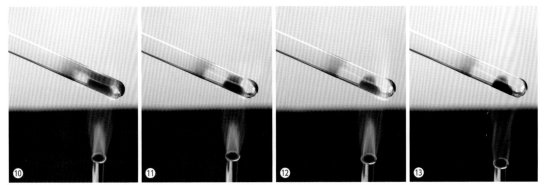

⑩〜⑫：炭素が酸素と化合して二酸化炭素になり、空気中に拡散する（上記反応式C）。　⑬：完全燃焼にして、炭素が取れたことを確認する。なお、ガスバーナーの酸化炎と還元炎の区別は p.63 欄外。

6 鉄を燃やそう

準　備

- スチールウール
- ガスバーナー、ピンセット
- 電子てんびん

⚠ **注意**　火傷、換気
- 息を吹きかけるときは、その先に何もないことを確認する。液体の鉄は、1500℃以上 (p.83)。

市販のスチールたわし
鉄毛たわし、と呼ぶ生徒もいる。飛び散らないように捩ってから加熱する。

鉄をガスバーナーで燃やします。実験前に、軽くなるか重くなるか予想してみましょう。授業では、重くなる33%、変わらない33%、軽くなる33%でした。あなたの予想はどうですか。

■ 鉄を燃焼させる実験

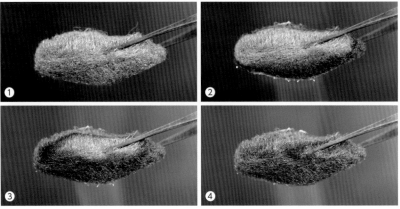

①：燃焼前の重さを測る。　②〜④：ガスバーナーで十分に加熱し、完全に冷やしてから重さを測る。燃焼させる前の大きさ（重さ）を変え、同じ実験をくり返す。

■ 結果：燃焼前と燃焼後の重さ＝質量 (g)

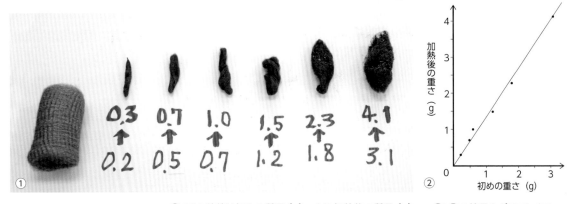

①：下の数値は初めの質量 (g)、上は加熱後の質量 (g)。　②：①の結果をグラフにする。

初めの量に関係なく、燃焼後は重くなります。さらに、結果をグラフにすると、その傾きが一定になります。これは p.50 の「定比例の法則」を示しています（化学反応式 p.67）。

生徒の感想
- そもそも鉄が燃えるとは？　よく考えると不思議。燃えても二酸化炭素が出ないし……。

■ その他の実験結果

	色	金属光沢	手触り	電気の伝導性	塩酸との反応
燃焼前（鉄）	銀	あり	ごわごわ	あり	水素を発生
燃焼後（酸化鉄）	黒	なし	ぱらぱら	なし	変化なし

■ 酸素が化合したことを検証する ⚠ 注意 指導者が行う実験

窒素や酸素をボンベで吹きかけます。前者は温度が下がりますが、後者は激しい発熱反応で鉄が溶解、飛び散ることもあります。

本当に酸素かな？
酸素は本実験、窒素は対照実験。

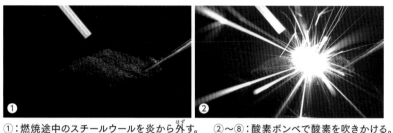

①：燃焼途中のスチールウールを炎から外す。　②～⑧：酸素ボンベで酸素を吹きかける。

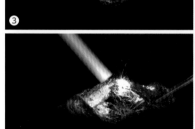 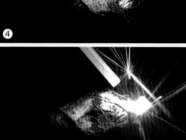 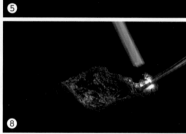

■ グラフの書き方「比例を予測した場合」

初めに、軸を決めます。横軸は「実験者が決めるものや時間」、縦軸は「測定結果」です。目盛りの間隔、単位も重要です。次に、グラフ上の点を見て、理想的なデータを予測します。直線に並ぶようなら比例、1本の直線を書きます。その傾きは比例関係の大きさを示します。

数学：y＝ax（比例のグラフ）

> (1) y は x に比例する、という
>   （x が2倍3倍、y も2倍3倍）
> (2) aは比例定数
> (3) グラフは原点を通る

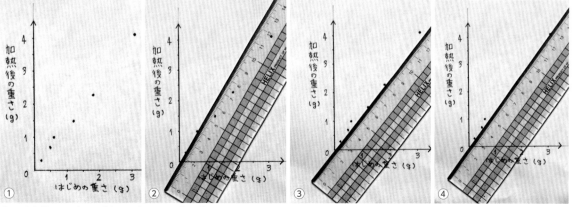

①：測定結果、データ「点」を打つ。　②～④：比例を予測したら、原点を中心に定規を回転させ、すべての点の平均になるように置く。データが6つなら、下3つ、上3つ。明らかな間違いは無視する。曲線グラフの書き方は p.84 欄外。

7 マグネシウムの酸化

マグネシウム（Mg）は激しく酸化し、白い閃光（せんこう）を放ちます。酸素と化合する割合は p.48 の鉄よりも大きく、「マグネシウム：酸素＝3：2」になります。質量変化のグラフをつくってみましょう。

準　備

- マグネシウム粉　6 g
- ガスバーナー、三脚と三角架（さんきゃく か）
- 燃焼皿、ピンセット（るつぼばさみ）
- 電子てんびん

⚠ 注意　目の損傷、火傷、換気

- 目を損傷するので、炎を注視しない。
- Mg（マグネシウム）の燃焼温度は Fe（鉄）よりも高い。

定比例（成分比一定）の法則

化合物をつくる成分（g）の比は、一定である、という法則。発見者はプルースト。その割合は「グラフの傾き」として表される。

プルースト（1754〜1825）
1799 年、酸化物の研究から定比例の法則を発見した。

実験中の生徒の様子
加熱したものはピンセット、または、るつぼばさみで扱う。

■ 空気中で Mg を加熱する実験

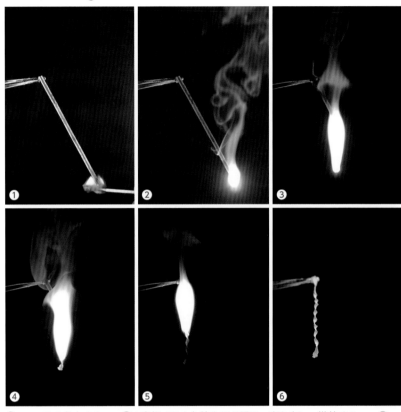

①：マッチで点火する。　②：直視すると危険なほど明るい光を出し、燃焼する。　③〜⑤：大量に白煙（酸化マグネシウム　MgO）が立ちのぼり、飛散（ひさん）する。　⑥：燃焼後のピンセットに残る MgO の量は少ない。

■ 燃焼皿を使って、質量変化を求める実験

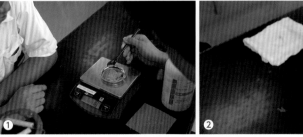

①：燃焼皿を電子てんびんにのせ、Mg を測りとる（0.5〜2g）。　②：燃焼後、濡れぞうきんでよく冷やしてから質量を測る。はじめの質量を変えてくり返す。三角架は金網より高温。

■ 燃焼皿で Mg を加熱する方法

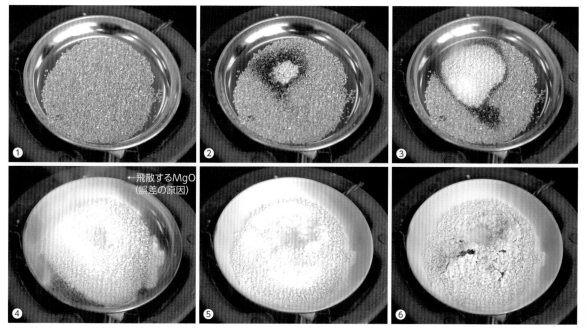

①〜⑥：立ちのぼった白煙の分だけ質量が失われる。反応が始まったら弱火にする。

マグネシウムの燃焼
YouTube チャンネル
『中学理科の Mr.Taka』

■ 結果のグラフと考察（質量比を求める）

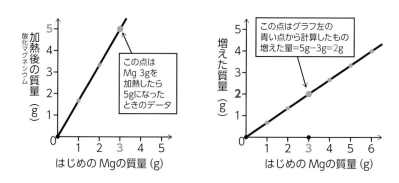

左のグラフ：
加熱後の質量 酸化マグネシウム（g）／ はじめの Mg の質量（g）

この点は
Mg 3g を
加熱したら
5g になった
ときのデータ

右のグラフ：
増えた質量（g）／ はじめの Mg の質量（g）

この点はグラフ左の
青い点から計算したもの
増えた量=5g−3g=2g

　上の２つのグラフは同じものですが、縦軸が違います。Mg 3 g（横軸）を読むと、左は Mg：縦軸 = 3：5、右は Mg：縦軸 = 3：2 です。原子の組み合わせが変わった、と考えると質量比は次のとおりです。酸素は分子ではなく、材料としての原子の質量（g）です。

$$Mg : MgO : O = 3 : 5 : 2$$
マグネシウム　酸化マグネシウム　酸素原子（質量は原子量 p .17 と関係する）

元の質量　燃焼後の質量　増えた質量

　一方、物質の数の比は、化学反応式の係数で示されます（欄外）。

$$Mg : MgO : O_2 = 2 : 1 : 2$$
マグネシウム　酸化マグネシウム　酸素（分子）

化学反応式とモデル図（マグネシウムの酸化）

$$2\,Mg + O_2 \xrightarrow[化合（酸化）]{加熱する} 2\,MgO$$
マグネシウム（2個）　酸素（1個）　酸化マグネシウム（2個）

※物質の数の比＝化学反応式の係数（2:1:2）と質量の比（3:5:2）は関係しない。

生徒の感想

・燃焼皿の上は花火みたいできれい。

・ぞうきんに燃焼皿をのせると、ジュージューいって、焼き肉を焼いているみたい。100℃以上の高温だ。

8 銅の酸化

マグネシウムと同じように銅（Cu）を加熱します。その結果は、銅原子：酸素原子＝ 4 ： 1（質量比）になりますが、変化量が小さくて難しい実験です。測定後は、マグネシウムの酸化と合わせて考察します。

準　備

- 銅　粉
- ガスバーナー、三脚と三角架（さんかくか）
- 燃焼皿、ピンセット（るつぼばさみ）
- 電子てんびん

⚠ **注意**　火傷、換気

化学反応式とモデル図（銅の酸化）

$$2\,Cu + O_2 \xrightarrow[\text{化合（酸化）}]{\text{加熱する}} 2\,CuO$$

銅　　　酸素　　　　　　　　　酸化銅

 Cu

 O O

Cu O

Cu O

※ p.51 欄外（らんがい）と比較すること。
※物質の数の比は 2 ： 1 ： 2。

■ 銅の酸化実験の準備

①：器具を準備する（三角架は金網より高温になるので反応が進みやすい）。　②：銅粉 1g、2g、3g、4g を測りとる。燃焼皿は、電子てんびんの上に直接のせて測る。

■ 銅と酸素を化合させる実験

銅の炎色反応
銅を加熱すると緑色の光を出す（p.25）。

回収した酸化銅
酸化銅は薬包紙に包んで保管し、p.64 の実験「酸化銅の還元」で使う。

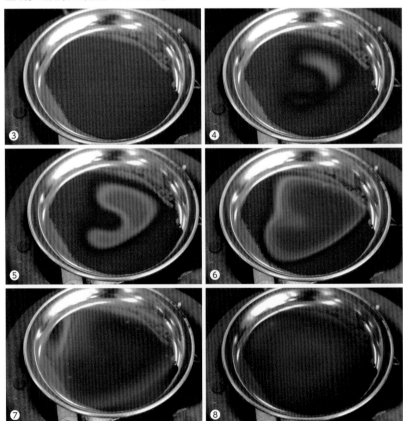

③〜⑧：内部まで反応するように、粉を広げてから加熱する。途中、薬さじで混ぜても良い。反応が終わったらよく冷やし、質量を測る。

■ くり返し加熱した結果

銅は穏やかに反応します。1回の加熱では不完全なので、何度もくり返して加熱すると良いでしょう。下のグラフ左は、銅4gをくり返し加熱したものです。右はMgと比較するためのものです。

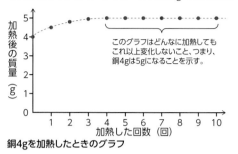

このグラフはどんなに加熱してもこれ以上変化しないこと、つまり、銅4gは5gになることを示す。

銅4gを加熱したときのグラフ

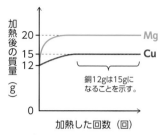

銅12gは15gになることを示す。

12gのCuとMgを加熱したときのグラフ

銅で作られた風見鶏
銅は空気中に放置すると、緑青という酸化物になる。緑青は皮膜として、内部の腐食を防ぐ。

■ 結果のグラフと考察 (CuとCuOとOの質量の比)

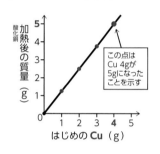

この点はCu 4gが5gになったことを示す

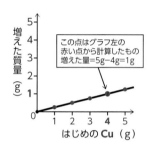

この点はグラフ左の赤い点から計算したもの
増えた量=5g−4g=1g

上のグラフは、前の実験「マグネシウムの酸化」と同じ処理をしたものです。その結果、次のような比が得られます。

$$\text{Cu} : \text{CuO} : \text{O} = 4 : 5 : 1$$

銅　　　酸化銅　　酸素原子

■ 考察：銅とマグネシウムの比較をする (質量)

上のグラフと p.51 のグラフを合わせると、次のようになります。横軸は12gまで増やし、点はキリの良いものを追加しました。

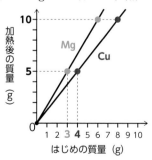

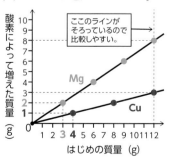

ここのラインがそろっているので比較しやすい。

右のグラフを見てください。横軸12gのとき、Mg:Cu＝8:3です。つまり、マグネシウムの方が約2.7倍重くなりやすいことがわかります（8÷3≒2.7）。これは原子量と関係する質量（g）の比です。

数学：比例計算 (金属の酸化)

計算方法
(1) 外側と外側、内側と内側をかける。
(2) それらを等式で結ぶ。
(3) それを解く。

例1　　$1 : 2 = 4 : X$
$1 \times X = 2 \times 4$
$X = 8$……（答）

例2　銅40gから酸化銅 Xgができるグラフ結果から、銅：酸化銅＝4:5
したがって、4:5=40:X
これを解くと、
$4 : 5 = 40 : X$
$4 \times X = 5 \times 40$
$4X = 200$
$X = 200 \div 4$
$X = 50$　　答　酸化銅50（g）

生徒の感想
・銅を加熱すると真っ黒、パリパリにかたくなった。
・皿一杯に広げておかないと、中心部が反応しない。

9 水素（気体）の爆発

これまでは金属の酸化でしたが、ここで気体を酸化させましょう。気体「水素」を発生させ、金属と同じように空気中で加熱します。

準　備

- 亜鉛　　　　　　5個
- 5倍に薄めた塩酸　5mL
  （この量で試験管3〜5本の水素ができるので、一度に何本か集める）
- 試験管
- ガラス管つきゴム栓、ゴム管
- バット（水槽よりも使い勝手がよい）

⚠ 注意　目・皮膚の損傷、爆発

- 気体発生装置を密閉しないこと。ゴム管が折れていないか注意。

塩酸と金属の反応

塩酸に金属を入れると、ほとんどの金属が水素を発生する (p.138)。

■ 水素をつくる方法

①〜④：塩酸に亜鉛を入れ、水素をつくる。化学反応式は次のとおり。

$$Zn \ + \ 2\,HCl \ \xrightarrow{\text{原子の組みかえ}} \ ZnCl_2 \ + \ H_2$$

亜鉛　　　　　塩酸2個　　　　　　　　　　　塩化亜鉛　　水素

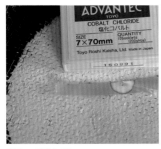

塩化コバルト紙

塩化コバルトは、水と反応して、青色から薄い赤色になる。湿って変色している場合は、加熱乾燥して青に戻してから使う。

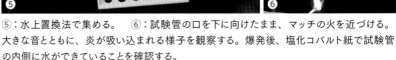

⑤：水上置換法で集める。　⑥：試験管の口を下に向けたまま、マッチの火を近づける。大きな音とともに、炎が吸い込まれる様子を観察する。爆発後、塩化コバルト紙で試験管の内側に水ができていることを確認する。

■ 水素と酸素の化合モデル

水素分子の特徴

- 空気より軽い
- 無色透明
- 無臭
- ほとんど水に溶けない
- 炎を近づけると爆発する

※いろいろな気体の特徴 (p.38 欄外)

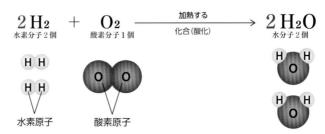

$$2\,H_2 \ + \ O_2 \ \xrightarrow[\text{化合（酸化）}]{\text{加熱する}} \ 2\,H_2O$$

水素分子2個　　　酸素分子1個　　　　　　　　　　　水分子2個

H H
H H
水素原子

O O
酸素原子

H O H
O
H O H
O

※化学式の係数＝物質の数の比は、2：1：2。
※質量（原子量）の比は、1：8：9（4：32：36）。

■ ペットボトルを使った水素の爆発実験

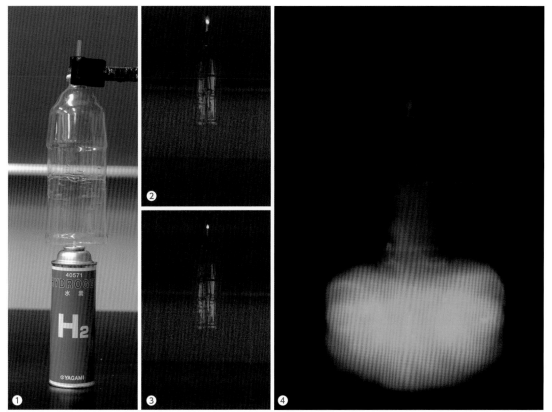

①：1.5L ペットボトルの底を切り取り、ガラス管つきゴム栓をはめる。ガラス管を指でおさえ、水素ガスを充満させる。　②、③：室内を暗くして、ゴム栓をはずして、ガラス管の先に点火。水素と酸素がゆっくり化合している様子（小さな炎）を約1分間見る。　④：炎が消える瞬間、ボトル内で水素と酸素が一気に化合する。

■ 反応の様子によって変わる酸化の名称

　物質が酸素と化合することを酸化といいます。酸化は身近な化学変化なので、いろいろな名前をもっています。

爆　発	• 音を出す（体積変化によるもの） ※酸化に限らない	反応速度が速い ↑
燃　焼	• 光を出す （酸素によらない燃焼もある p.32）	
さびる	• 非常に穏やか	↓ 反応速度が遅い
内呼吸	• 生物体内で有機物を酸化させる（シリーズ書籍『中学理科の生物学』で触れる）	

※爆発：正しくは、急激な圧力の変化によって、音・光・熱などを出す現象を爆発という。爆発は酸化に限定した言葉ではない。化学的な方法ではなく、物理的に空気を押し込むだけでも爆発する。

　酸化物は、酸素と化合した分だけ重くなるのは当然です。燃やす＝酸素を化合することなので、質量は必ず大きく（重く）なります。

燃焼後のペットボトル
水の発生を確認できる。

⚡ **生徒の感想**

• ひゅっ、と大きな音を立てて爆発した。
• ペットボトルを使った水素の爆発実験では本当にびっくりした。

10 鉄と硫黄の化合（硫化）

化学変化は、必ず熱の出入りが伴います。この反応は特に大きな熱を出し、連鎖反応を起こします。火山の噴火と同じ800℃以上になる発熱反応です。

準　備

- 鉄7g、硫黄4g
- 乳鉢、試験管
- ガスバーナー、鉄製スタンド
- 塩酸

⚠ 注意　有毒ガス、火傷

- 硫黄を使う実験は有毒ガス発生の可能性がある。SO_2、H_2Sなど。
- 赤熱状態のものをさらに加熱すると、反応速度が高くなり危険。

硫化

ある物質が、硫黄と化合することを硫化、できた化合物を硫化物という。ほとんどの金属は硫化する。

■ 混合物のつくり方

①：鉄7g、硫黄4gを正確に測る（誤差が大きいと最後まで反応しない）。　②：鉄と硫黄を乳鉢でよく混ぜ、混合物をつくる（機械的方法 p.6）。この時点では発熱しない。

■ 混合物から化合物をつくる実験

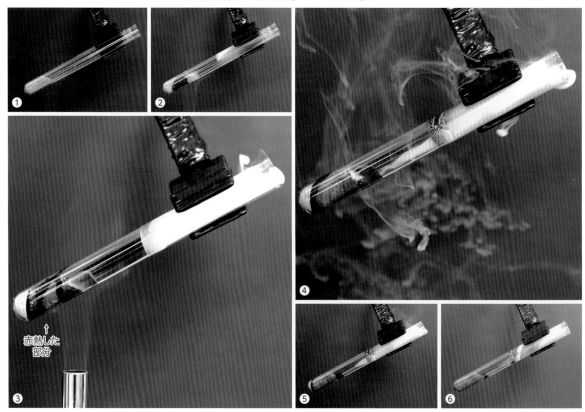

赤熱した部分

①、②：反応速度を小さくするために、試験管を斜め30〜45°にセットし、混合物上部を加熱する。　③、④：混合物の一部が赤熱したら、ガスバーナーを外す。　⑤、⑥：発熱し、連鎖する反応を観察する。なお、白煙には二酸化硫黄（SO_2）が含まれる。

■ 塩酸を加えたときの反応

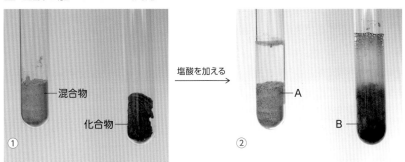

塩酸を加える

①：左は混合物（２つの物質）、右は化合物（１つの物質）。　②：混合物は水素、化合物は刺激臭を放つ有毒ガス「硫化水素（H_2S）」を発生した。それぞれの化学反応式は欄外。有毒ガスの実験は換気に注意して、ごく少量の試料（写真①、②の 1/5 以下）で行う。

左写真の化学反応式

鉄と塩酸（写真② **A**）

$$Fe + 2HCl \xrightarrow{組みかえ} FeCl_2 + H_2$$

硫化鉄と塩酸（写真② **B**）

$$FeS + 2HCl \xrightarrow{組みかえ} FeCl_2 + H_2S$$

■ 高熱が発生したことを確認する実験

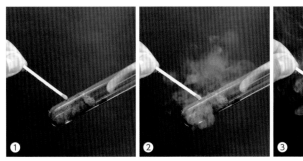

①〜③：試験管にマッチの頭をつけると、試験管の熱で発火する。

硫化鉄を取り出す方法

使えなくなった試験管を割って取り出しても良い。破片に注意。

生徒の感想

・おならよりひどい臭い。

・一生の思い出ができました。

■ この実験の物質の変化

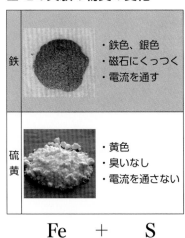

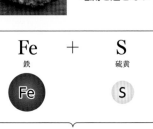

| 鉄 | ・鉄色、銀色 ・磁石にくっつく ・電流を通す |
| 硫黄 | ・黄色 ・臭いなし ・電流を通さない |

混ぜる →

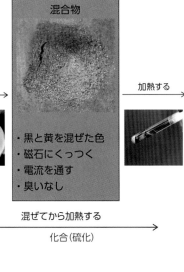

混合物

・黒と黄を混ぜた色
・磁石にくっつく
・電流を通す
・臭いなし

加熱する →

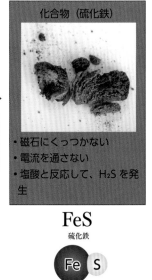

化合物（硫化鉄）

・磁石にくっつかない
・電流を通さない
・塩酸と反応して、H_2S を発生

$$\underset{鉄}{Fe} + \underset{硫黄}{S}$$

Fe　　S

鉄と硫黄がそれぞれの性質をもつ

混ぜてから加熱する
化合（硫化）
→

$$\underset{硫化鉄}{FeS}$$

Fe S

鉄でも硫黄でもない性質

11 銅と硫黄の化合（硫化）

銅は、鉄と同じように硫黄と化合して硫化銅になります。その反応速度は鉄よりも速く激しいので、指導者が演示実験します。

化合前の物質
銅と硫黄の混合物（2つの物質）。

化合後の物質
硫化銅（CuS、1つの物質）。

⚡ **生徒の感想**

- 先生が言うとおり、本当にすごい爆発だった。

■ **瞬時に反応する様子**　⚠ **注意** 指導者が行う実験

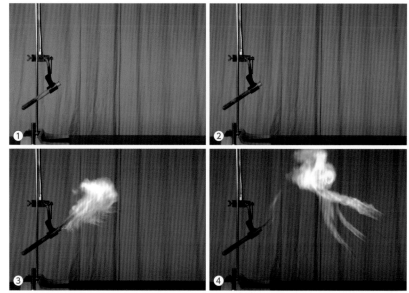

①：銅4gと硫黄2gの混合物をセットする。熱してきたら、バーナーを外して退避する。　②：弱火で、混合物の上部を加熱する。赤③、④：撮影間隔は0.15秒。

⑤、⑥：2回目の様子。　⑦、⑧：3回目の様子。

12 銅と塩素の化合（塩化）

　ある物質が塩素と化合することを、塩化といいます。ここでは銅を加熱して、塩素と化合させます。

■ 銅を塩化させる実験　⚠注意　指導者が行う実験

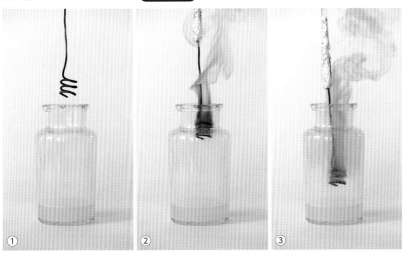

①～③：コイル状にした銅線を加熱し、塩素を入れた集気びんの中に入れる。激しく化合し、塩化銅が生成する。なお、塩素は欄外の反応式のようにつくることもできる。

■ 銅の化合（酸化・硫化・塩化）のモデル図

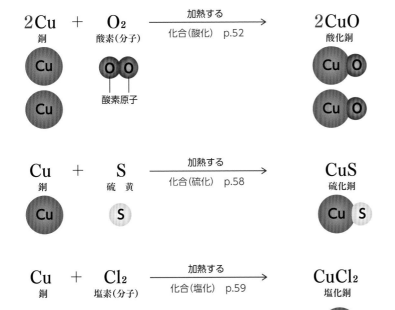

$$2Cu + O_2 \xrightarrow[\text{化合(酸化) p.52}]{\text{加熱する}} 2CuO$$

銅　　酸素（分子）　　　　　　　　　　　　酸化銅

Cu
Cu　　O O
　　　酸素原子　　　　　　　　　　　　　Cu O
　　　　　　　　　　　　　　　　　　　　Cu O

$$Cu + S \xrightarrow[\text{化合(硫化) p.58}]{\text{加熱する}} CuS$$

銅　　硫黄　　　　　　　　　　　　　　　硫化銅

Cu　　S　　　　　　　　　　　　　　　　Cu S

$$Cu + Cl_2 \xrightarrow[\text{化合(塩化)　p.59}]{\text{加熱する}} CuCl_2$$

銅　　塩素（分子）　　　　　　　　　　　　塩化銅

$$Cu \quad Cl\,Cl \xleftarrow[\text{電気分解　p.142}]{\text{電流を流す}} Cl\,Cu\,Cl$$

　　　塩素原子

準　備

- 塩素、銅線
- 蓋付き集気びん
- ガスバーナー

⚠注意　有毒ガス

- 高濃度の塩素を使うので、指導者による演示実験にする。
- 換気を十分によくする。

法律で「混ぜるな危険」の表示が義務づけられているもの

「混ぜるな危険」の表示は2種類ある。1つは塩素系、もう1つは塩酸系。以下ような化学反応で塩素が発生し、死亡事故が起きている。

$$NaClO + 2HCl$$
次亜塩素酸ナトリウム　　　塩酸
（塩素系）　　　　　　　（塩酸系）

$$\xrightarrow{\text{原子の組みかえ}} NaCl + H_2O + Cl_2$$
塩化ナトリウム　水　　塩素

生徒の感想

- 銅は、いろいろな物質と反応する物質だ！
- 理科室の窓をいっぱい開けたので寒かった。

13 酸化銀の熱分解（還元）

　銀と金と白金は、酸素と結合し（錆び）ても、加熱するだけで離れます。本物の銀の指輪なら、理論的には加熱してもピカピカです。ただし、混ぜものがあると変色するのでご注意ください。

元素周期表における銀、金、白金

準　備

- 酸化銀　　1g程度
- アルミホイル、試験管
- ガスバーナー、線香
- 豆電球、乾電池
- 金床、金づち

⚠ 注意　火傷、換気、打撲

- 金づちで自分の指をたたかない。

■ ピカピカの銀を取り出す実験

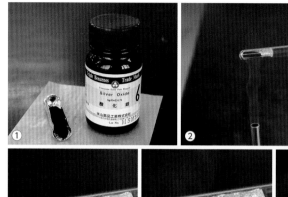

①、②：アルミホイルで小さな舟をつくり、酸化銀（鉛筆の芯を削ったような黒い粉）をのせ、試験管に入れ弱火で加熱する。発生する酸素は空気より重いので、試験管の口を上向きにする。　③〜⑤：酸化銀が白くなってきたら火を止め、酸素を確かめる（⑨、⑩）。

⑥、⑦：十分に冷ましてから、中身を取り出す。黒紙の上で擦ったり、たたいたりする（p.61 写真⑪、⑫）。　⑧：豆電球と乾電池で、電流が流れるか調べる。

銀製のネックレス
購入時は、銀色に輝いていたが、数年後には黒い硫化銀になった。硫化銀は、加熱しても硫黄と銀に分解しない。

$$2\,Ag + S \xrightarrow{\text{硫化}} Ag_2S$$
　銀　硫黄　　　　　硫化銀

■ 発生した気体、加熱後の物質を調べる実験

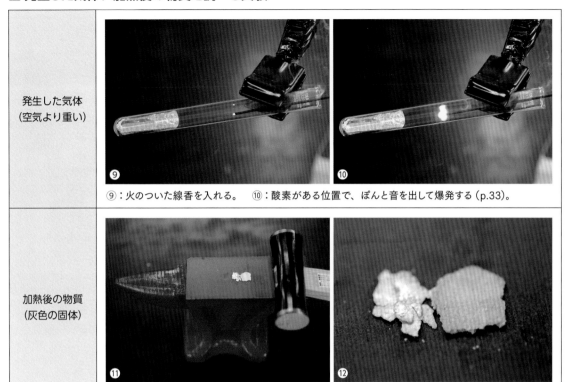

発生した気体 (空気より重い)	⑨：火のついた線香を入れる。　⑩：酸素がある位置で、ぽんと音を出して爆発する (p.33)。
加熱後の物質 (灰色の固体)	⑪：金づちでたたく。　⑫：広がり、金属光沢が出る (p.22)。

第
4
章

■ 実験結果のまとめ「還元」

　酸化銀は熱分解して、銀と酸素になりました。酸化銀の立場からすると、お荷物だった酸素が取れ、もとの銀に還ったので、「酸化銀は還元された」といいます。この化学変化をモデルで表すと次のようになります。

酸化銀の価値
ピカピカの銀より、真っ黒な酸化物の方が、値段が高い。また、銀は簡単に硫化して黒くなる (p.60)。

$$2\ Ag_2O \xrightarrow[熱分解]{加熱する} 4\ Ag\ +\ O_2$$

酸化銀（2個）　　　　　　　　　　銀（4個）　　酸素分子

銀原子——Ag　O　Ag
酸素原子

生徒の感想

・先生、銀を持ち帰ってもいいですか！
・黒い酸化銀を加熱すると、灰色になった。初めは銀には見えなかったけれど、強くこするとピカピカになった。
・酸素が発生したことから、酸化銀は酸素の分だけ軽くなったと思う。

※この反応は、160℃以上で起こる。

14 酸化銅の還元

銅は加熱すると、酸素と化合して真っ黒になります。銀のようにピカピカになりません。酸化銅を還元するには、水素やエタノールなど、他の物質に手伝ってもらう必要があります。

- 銅
- 水素、エタノール、試験管
- ガスバーナー、ピンセット

■ 酸化銅を水素の中に入れる実験

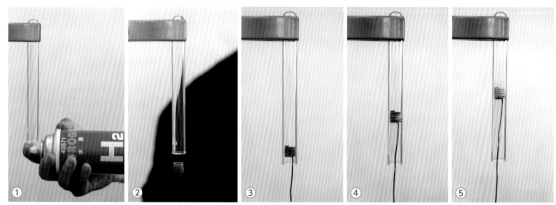

①：水素を上方置換法で集める。　②：コイル状に巻いた銅を加熱し、酸化銅（黒色）にする。赤熱状態まで加熱すると、よく反応する。　③〜⑤：水素の中に入れ、試験管の内側にできた水、還元されたピカピカの銅を観察する。

水素による酸化銅の還元
水素の立場からすると、酸素を化合するので「酸化」になる (p.64)。

⚠ **注意**　火傷、引火
- エタノールは火種があると30℃以下で引火し火災の原因になる。

$$CuO + H_2 \xrightarrow[\text{水素の酸化}]{\text{酸化銅の還元}} Cu + H_2O$$

酸化銅　　水素　　　　　　　　　　銅　　水

■ 酸化銅をエタノールの中に入れる

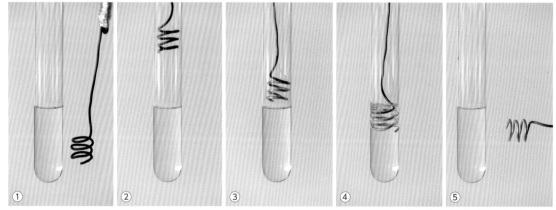

①：加熱した酸化銅（コイル状）を準備する。　②：エタノール入りの試験管に近づける。
③：気体のエタノールで酸化銅が還元される。　④〜⑤：液体の中に入れる。この反応で生成する二酸化炭素は石灰水で調べることもできる。

$$6\,CuO + C_2H_5OH \xrightarrow[\text{原子の組みかえ}]{\text{酸化銅の還元}} 6\,Cu + 2\,CO_2 + 3\,H_2O$$

酸化銅　　エタノール　　　　　　　　　銅　　二酸化炭素　　　水

■ ガスバーナーで銅板を加熱する実験

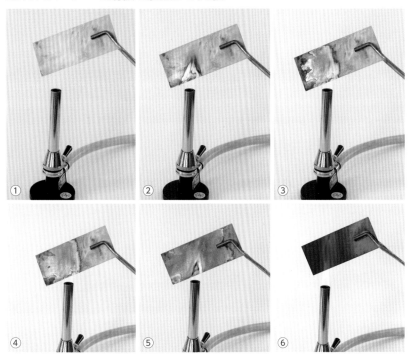

①〜⑥：ピカピカの銅板が真っ黒に酸化するまで、ガスバーナーで加熱する。この変化は
p.52と同じ。　　$2\,Cu + O_2 \xrightarrow[\text{酸化}]{\text{加熱する}} 2\,CuO$

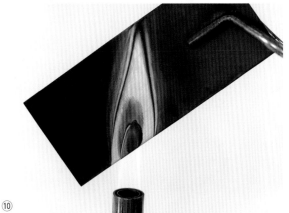

⑦〜⑩：ガスバーナーの空気調節ネジを開いて温度を上げ、不安定な還元炎（欄外）をた
くさんつくる。還元炎で加熱すると、ピカピカに還元される。ただし、炎から出すと、空気
中の酸素とただちに結合し、真っ黒になる。

酸化炎と還元炎

ガスバーナーの炎は、外炎と内炎の2
つに区別できる。外炎は酸素が十分に
あり、物質を酸化させるので酸化炎とい
う。一方、内炎は酸素が不足し、物質
から酸素を奪うので還元炎という。ただ
し、酸化と還元のどちらが起こるかは、
加熱している物質の性質や温度と関係
するので、一概に説明できない。なお、
普通のガスバーナーは、完全燃焼でも
2つの炎ができる。
※ガスバーナーで完全燃焼させよう
（p.46）

第4章

【 生徒の感想 】

・色がどんどん変わった。
・ガスバーナーの炎の形がくっきり
　見えて感激！
・結果として、ピカピカの銅は真っ
　黒になって終了。還元されている
　のは、炎の中だけ。

15 酸化銅と炭素の反応(還元と酸化)

　酸化銅と炭素を一緒に加熱しましょう。酸化銅はピカピカの銅になり（還元）、炭素は酸素と結合して二酸化炭素になります（酸化）。還元と酸化という2つの反応が同時に起こります。

準　備

- 酸化銅（p.52 の残り）　　2〜5g
- 炭　　　　　　　　　　　1〜3g
- 石灰水
- 試験管、ガスバーナー
- ガラス管つきゴム栓、ゴム管

⚠ 注意　火傷、換気、ガラス飛散

- 試験管の口を下にして加熱する（試薬に含まれていた水蒸気で割れるのを防ぐ）。石灰水の逆流にも注意。

木炭
細かく砕いてから使う。

アドバイス

- 加熱している途中、試験管を回転させるとむらなく仕上がる。
- 試験管を割るときは、紙に包んでから軽くたたく。

高熱で融解した試験管
できるだけ高温で加熱する。

生徒の感想

- 私の班は、失敗！ 真っ黒。
- 試験管を割るのが楽しい。ピンセットで銅を発掘しているみたい。

■ 酸化銅と炭素を加熱する実験

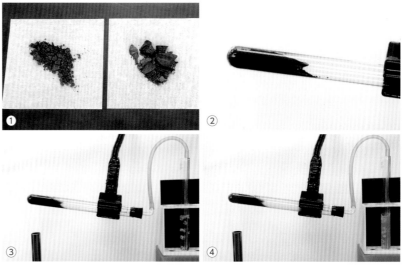

①：酸化銅（左）と炭素（右）を準備する。　②：試験管にほぼ同じ量を入れる。
③、④：水が発生することを予測し、試験管の口が下になるように傾けてセットする。さらに、CO_2 発生を予測して石灰水を準備し、加熱する。

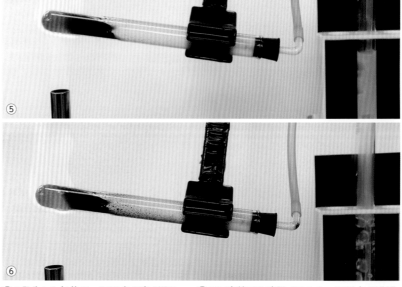

⑤：発生した気体で、石灰水が白く濁る。　⑥：反応終了を確認するため、石灰水が透明に戻っても（p.103）放置し、気体の発生が止まったら、ガラス管をぬき火を止める。

■ 反応後の物質を調べる方法

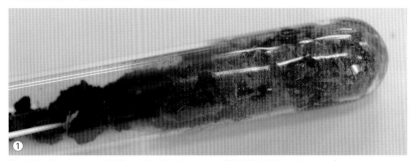

①：見た目でもわかる状態で、銅が生成している（酸化銅が還元されている）。

②：物質を取り出すときは、試験管を紙で包んでから金づちでたたく。片付けも簡単。

③、④：黒いものから金属光沢があるものまで、さまざまな反応の結果がある。

鉄（金属）に関するデータ

(1) 鉄鉱石（Fe_2O_3、Fe_3O_4）を還元してつくる。
(2) 地球質量の 1/3 を占める。
(3) ヘモグロビン（赤血球）の主成分で酸素を運ぶ。
(4) 磁性をもつ。

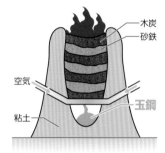

木炭
砂鉄
空気
玉鋼
粘土

たたら製鉄（日本古来の精錬）

砂鉄（鉄鉱石の粒）と木炭（炭素）を何層にも重ね入れ、ふいごで空気を送り 1400℃以上を保つ。三昼夜で、玉鋼（鉄、日本刀の材料）ができる。

現代の製鉄

鉄鉱石（磁鉄鉱、赤鉄鉱）＋コークス（炭素）などで鉄をつくる。

■ 酸化と還元は、同時に起こる

　この化学変化は、酸化銅から見れば還元、炭素から見れば酸化です。相反する酸化と還元は、基本的に同時に起こります。

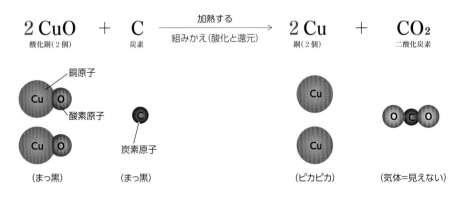

$$2\,CuO \;+\; C \;\xrightarrow[\text{組みかえ（酸化と還元）}]{\text{加熱する}}\; 2\,Cu \;+\; CO_2$$

酸化銅（2 個）　　炭素　　　　　　　　　　　　　　　銅（2 個）　　二酸化炭素

銅原子
Cu　O
酸素原子

Cu　O
（まっ黒）

C
炭素原子
（まっ黒）

Cu
Cu
（ピカピカ）

O C O
（気体＝見えない）

16 質量保存の法則

化学反応の前後で、物質の質量（重さ）の合計は同じです（質量保存の法則）。いつもは逃げてしまう気体 CO_2 の質量を測り、この法則を確かめましょう。

準　備

- 10%塩酸　　　　8mL
- 炭酸水素ナトリウム　3g
- 小さな試験管
- 500mL ペットボトル
- 電子てんびん

⚠ 注意　爆発、目の損傷

- 試薬の量を間違えたり、古い容器を使ったりすると爆発し、破片でケガをする。
- 開栓時、液体の飛散に注意。

ラボアジェ（1743 ～ 1794）
1772 年、質量保存の法則を発見したフランスの科学者。近代科学の父。酸素の発見者でもある。

■ 二酸化炭素による質量変化を測定する実験

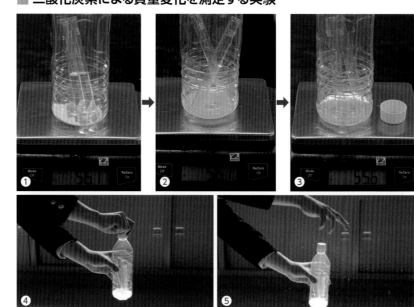

①：ペットボトルに $NaHCO_3$（炭酸水素ナトリウム）と試験管に入れた HCl（塩酸）を入れ、質量を測る。　②：試験管を倒して反応させ、質量を測る。　③：栓を開け、質量を測る。　④、⑤：写真③の前に、栓を開けて二酸化炭素を逃がす様子。

■ 実験結果の考察

二酸化炭素 0.5g を逃がさなければ、質量は同じです。

反応前（写真①）	混ぜる	反応後（写真②）	二酸化炭素を逃がす	栓を開けた後
56.1g		56.1g		55.6g（写真③）
質量の変化なし＝化学変化			質量の減少（0.5g）	

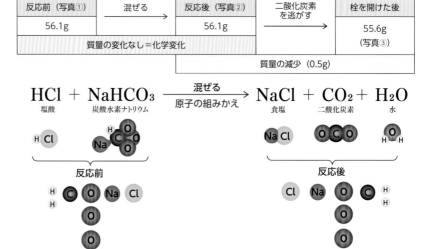

$$HCl + NaHCO_3 \xrightarrow[\text{原子の組みかえ}]{\text{混ぜる}} NaCl + CO_2 + H_2O$$

塩酸　　炭酸水素ナトリウム　　　　　　　　食塩　　二酸化炭素　　水

反応後に残った物質を調べる方法
BTB 溶液を加えて残留物を調べる。黄色なら塩酸、青色なら炭酸水素ナトリウム（アルカリ性）がある。安全のために、青色で終わる分量にする。

BTB溶液（緑色）

生徒の感想

- 二酸化炭素にも重さがあった！

■ この本にある主な化学変化の一覧

物質名を見ると、反応前後で保存されたかのように名前が残っています。

A + B 化合 〔酸化 硫化 塩化 など〕 ↓ C				
鉄 ＋ 酸素	—酸化→	酸化鉄		p.67
マグネシウム ＋ 酸素	—酸化→	酸化マグネシウム		p.51
銅 ＋ 酸素	—酸化→	酸化銅		p.52
水素 ＋ 酸素	—酸化→	水		p.54
鉄 ＋ 硫黄	—硫化→	硫化鉄		p.56
銅 ＋ 硫黄	—硫化→	硫化銅		p.59
銅 ＋ 塩素	—塩化→	塩化銅		p.59

A 分解 〔熱、電流、 光などに よる〕 ↓ B + C				
酸化銀	—熱分解→	銀 ＋ 酸素		p.61
炭酸水素ナトリウム	—熱分解→	炭酸ナトリウム ＋ 二酸化炭素 ＋ 水		p.69
塩化銅	—電気分解→	銅 ＋ 塩素		p.144
塩化鉄	—電気分解→	鉄 ＋ 塩素		p.145
水	—電気分解→	水素 ＋ 酸素		p.147
塩化水素（塩酸）	—電気分解→	水素 ＋ 塩素		p.148

A + B 組み合わせ を変える 〔酸化と還 元、中和 など〕 ↓ C + D				
有機物 ＋ 酸素	—燃焼・酸化・内呼吸→	二酸化炭素 ＋ 水（＋その他）		※
二酸化炭素 ＋ 水	—光合成→	ブドウ糖 ＋ 酸素		p.45
石灰石 ＋ 塩酸	—組みかえ→	塩化カルシウム ＋ 二酸化炭素 ＋ 水		p.34
塩化アンモニウム ＋ 水酸化ナトリウム	—組みかえ→	食塩 ＋ アンモニア ＋ 水		p.36
塩化アンモニウム ＋ 水酸化バリウム	—組みかえ→	塩化バリウム ＋ アンモニア ＋ 水		p.45
酸化銅 ＋ エタノール	—酸化・還元→	銅 ＋ 二酸化炭素 ＋ 水		p.62
酸化銅 ＋ 炭素	—酸化・還元→	銅 ＋ 二酸化炭素		p.65
塩酸 ＋ 炭酸水素ナトリウム	—組みかえ→	塩化ナトリウム ＋ 二酸化炭素 ＋ 水		p.66
塩酸 ＋ 水酸化ナトリウム	—中和→	塩化ナトリウム ＋ 水		p.122
硫酸 ＋ 水酸化バリウム	—中和→	硫酸バリウム ＋ 水		p.126
マグネシウム ＋ 塩酸	—組みかえ→	塩化マグネシウム ＋ 水素		p.139

※有機物と酸素の化学反応は p.10、p.12、p.45、p.46、p.70、p.72 など多数出てくる重要な反応。

■ 鉄の酸化

鉄の酸化は条件によって複雑に変化しますが、下はその例です。

空気中：　$4\,Fe\ +\ 3\,O_2$ —加熱する・酸化→ $2\,Fe_2O_3$
　　　　　鉄（4個）　　酸素（3個）　　　　　　　酸化鉄（2個）

酸素不足の場合：　$2\,Fe\ +\ O_2$ —加熱する・酸化→ $2\,FeO$
　　　　　　　　　鉄（2個）　酸素（1個）　　　　　　酸化鉄（2個）

■ Mg と CO₂ の反応

$$2Mg + CO_2 \longrightarrow 2MgO + C$$

マグネシウムを二酸化炭素
で燃やす
YouTube チャンネル
『中学理科の Mr.Taka』

17 炭酸水素ナトリウムの熱分解

ホットケーキがふくらむ理由？　それは、ベーキングパウダーが熱分解してできた気体（CO_2 と H_2O）が生地を押し上げるからです。今回は、その主成分 $NaHCO_3$ だけを加熱しましょう。

準備

- 炭酸水素ナトリウム
- 試験管
- ガラス管つきゴム栓、ゴム管
- ガスバーナー
- 石灰水
- フェノールフタレイン溶液

料理に使うベーキングパウダー
ベーキングパウダー（ふくらし粉）には、主成分「炭酸水素ナトリウム（重曹）」の他に味をととのえる物質が入っている。

フェノールフタレイン溶液
水溶液がアルカリ性の場合、無色から赤色に変わる (p.37)。

■ 炭酸水素ナトリウムを加熱する実験

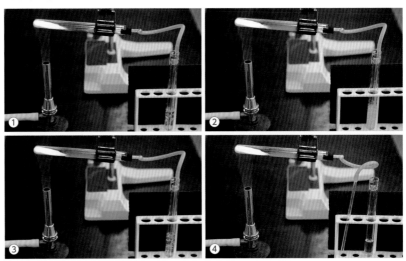

①：試料を入れた試験管の口を下にして加熱する。　②：試験管内に水ができ、発生した気体で石灰水が白く濁る。　③：さらに気体が発生し、石灰水が無色透明に戻る (p.103)。　④：石灰水の逆流による試験管破損を防ぐため、消火前にガラス管を引き抜く。

■ 加熱前後の物質を調べる方法、および、その結果のまとめ

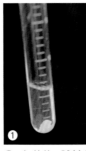 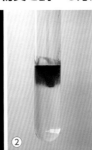 

①：加熱前の試料を水に溶かす。　②、③：加熱後の試料を水に溶かし、フェノールフタレイン溶液を加えて比較する。写真③の左は加熱後、右は加熱前。

フェノールフタレイン溶液を過剰に入れたもの
一般に、指示薬はごく少量で良い。この場合は 2～3 滴で十分。

	加熱前（炭酸水素ナトリウム）	加熱後（炭酸ナトリウム）
色	白	白
水溶性	あまり溶けない	よく溶ける
フェノールフタレイン	少しだけ赤（弱いアルカリ性）	赤（強いアルカリ性）
その他	しっとり	さらさら

加熱する　化学変化 →

※質量（g）を測定すれば、減少していることがわかる。それは分解・飛散した CO_2 と H_2O の質量を示す。

■ 熱分解のモデル図

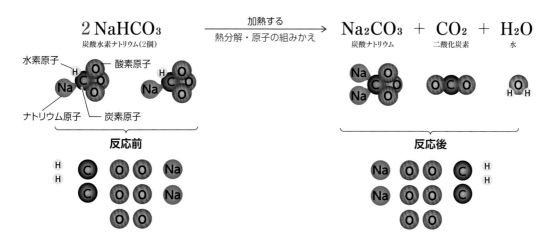

$$2\,\mathrm{NaHCO_3} \xrightarrow[\text{熱分解・原子の組みかえ}]{\text{加熱する}} \mathrm{Na_2CO_3} + \mathrm{CO_2} + \mathrm{H_2O}$$

炭酸水素ナトリウム(2個)　　　　　　　　　　炭酸ナトリウム　二酸化炭素　水

水素原子　　　　酸素原子

ナトリウム原子　　炭素原子

反応前　　　　　　　　　　　　　　反応後

■ 液体状の砂糖に、NaHCO₃ を入れる実験

① ②

①、②：砂糖を加熱すると、色や状態は変化するが、物質そのものは変わっていない。
③：完全に液状化した砂糖に NaHCO₃ を加える。

④ ⑤ ⑥

⑦ ⑧ ⑨

④〜⑥：液体の砂糖とよく混ぜる。　⑦〜⑨：バーナーの火を消しても、砂糖の熱で
NaHCO₃ が分解を続ける。写真⑧では、発生した湯気が確認できる。また、気体が吹き
出すことによってできた無数の穴もよくわかる。

化学反応式の作り方

(1) 長い ⟶ を書く。

(2) ⟶ の前後に、反応物と生成物
を書く。

(3) 化学式 ⟶ 化学式、にする。
　※何と何から、何と何ができたか。

例1　$\mathrm{Fe} + \mathrm{S} \longrightarrow \mathrm{FeS}$

例2　$\_\,\mathrm{H_2O} \longrightarrow \_\,\mathrm{H_2} + \_\,\mathrm{O_2}$

例3　$\_\,\mathrm{Mg} + \_\,\mathrm{HCl} \longrightarrow \_\,\mathrm{MgCl_2} + \_\,\mathrm{H_2}$

　※上記(1)〜(3)は丸暗記するしか
　なく、並べる順序は慣例が多い。

　※下記(4)〜(6)は考えることがで
　きるが、化学式の前に係数を入
　れる空欄を作っておけば便利！

(4) ⟶ の前後の原子を同数にする。

(5) (4)にするため、各物質(化学式)
の前に入れる係数を考える。

(6) 必要なら、モデル図で考える。

例1　$\_\,\mathrm{Fe} + \_\,\mathrm{S} \longrightarrow \_\,\mathrm{FeS}$

例2　$2\,\mathrm{H_2O} \longrightarrow 2\,\mathrm{H_2} + \_\,\mathrm{O_2}$

例3　$\_\,\mathrm{Mg} + 2\,\mathrm{HCl}$
　　　$\longrightarrow \_\,\mathrm{MgCl_2} + \_\,\mathrm{H_2}$

　※係数が1になる場合は省略する。

第4章

🔖 生徒の感想

・砂糖がすごくふくらんだ。

・美味しそうだったけれど、こげて
にがくて食べられない。大人の味。

18 食べ物（有機物）を加熱しよう

身近な食材を加熱しましょう。そのほとんどは炭素を含む有機化合物です。弁当箱の中身やランチの残りものなど、いろいろな食べ物を燃焼させ、みんなで楽しく実験しましょう。

準　備

- いろいろな食品
- スプーン、アルミホイル
- ガスバーナー

⚠ 注意 火傷、換気

ピンセットで加熱する生徒
試料によっては、ピンセットを使い直火で加熱する。

食品の5つの栄養素（家庭科）

	主な食品	カロリー（kcal/g）
タンパク質	豚肉、卵	4
炭水化物	巨峰、米	4
脂　質	大豆、バター	9
無機物	―	0
ビタミン	―	0

※カロリーは、物質1gを燃焼させたときに発生する熱量を表す。

食品は、不均一な混合物
この実験では炭素や水素を含む化合物であることしか推測・確認できない。

生徒の感想

- バーベキューみたい。
- 焼くといい匂い。
- 焼肉で焦がしたものは、炭になっていた。

■ 豚肉（タンパク質と脂質）

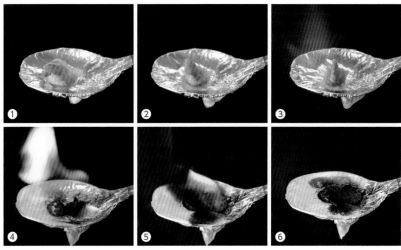

①〜③：全体に縮みながら、美味しそうに焼けていく。　④、⑤：脂身が燃える。　⑥：炭になると、どれだけ加熱しても変化しない。

■ 大豆（タンパク質と脂質）

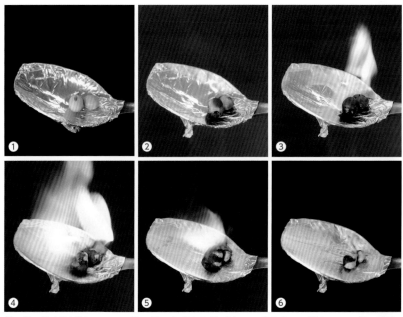

①、②：黒く焦げ始める。　③〜⑤：内部から油が出て、炎を出して燃える。　⑥：最後は、黒や白の灰になる。

■ 巨峰（炭水化物、ブドウ糖水溶液）

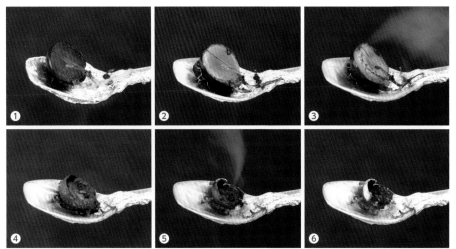

①、②：果肉部分の水分が沸騰し、皮と分離する。　③～⑤：水を出しながら、黒く焦げ
ていく。　⑥：最後は、黒い炭や白い灰になる。

■ ザラメ（炭水化物）

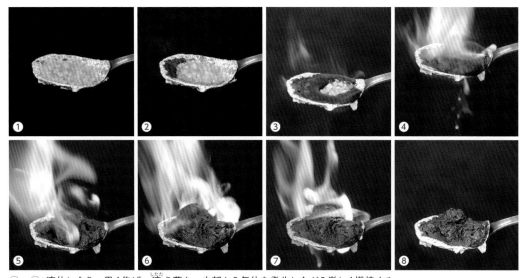

①～⑦：液体になり、黒く焦げ、滴り落ち、内部から気体を発生しながら激しく燃焼する。
⑧：最後の残った黒い炭は、カサカサしている。

■ ナス（低カロリーの食品）

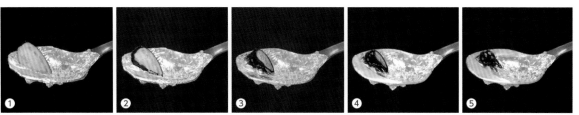

①～④：強火でも炎を出さず、穏やかに変化する。　⑤：最後は炭になる。

19 プラスチックを燃やす

プラスチックは、石油から人工的に作られた有機物です（p.11）。種類が多く、それぞれの特徴をもっています。それらの有効性と安全性を確かめるために、燃え方の違いを調べてみましょう。

準備

- いろいろなプラスチック
- ピンセット、ガスバーナー

⚠ 注意 有毒ガス、火傷

- 有毒ガスを発生することがある。
- 融けたプラスチックが燃えながら落ちることが多々あるので、ごく少量で行う。

今回の実験に使ったプラスチック製品

主なプラスチック

PET	ペット ・ペットボトル本体 ・丈夫、透明、薬品に強い
PP	ポリプロピレン ・ストロー、食品容器 ・熱や薬品に強い
PE	ポリエチレン ・ビニール袋、柔らかい容器 ・やや硬い容器
PS	ポリスチレン ・硬いが割れやすいプラモ ・発泡 PS は空気入り
PVC	ポリ塩化ビニール ・難燃性、薬品に強い ・柔らかいものもある
PMMA	有機ガラス、アクリル樹脂

生分解性プラスチック
環境に配慮した微生物が分解できるプラスチック。SDGs（p.155）の目標12は「つくる責任 つかう責任」。

SDGs の 12 番目の目標
「つくる責任 つかう責任」
人類が作った物質プラスチックに関する責任は人類にある。

■ ペットボトルの本体／ PET（ポリエチレンテレフタレート）、ペット

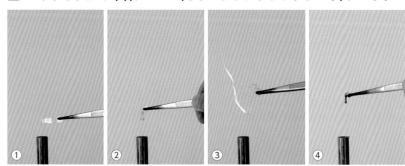

①、②：収縮するだけで、燃焼しない。炎から外し、ピンセットから離そうとすると糸状に伸びた。　③、④：糸状になったもの（写真③）は燃焼した。

■ ペットボトルのキャップ／ PP（ポリプロピレン）

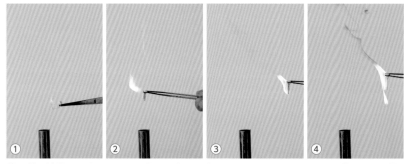

①～④：簡単に発火したので、炎から素早く外した。黒いすすを出し、融け落ちながら燃焼した。危険なので、ごく少量で行うこと。その他もすべて同じ。

■ ペットボトルのラベル／ PP（ポリプロピレン）

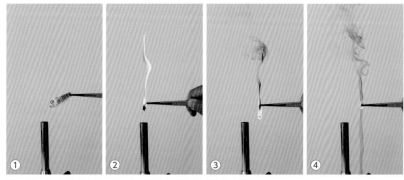

①～④：炎の外で、熱、黒煙、悪臭を出しながらよく燃えた。

■ カップ麺の本体／発泡PS (発泡ポリスチレン、発泡スチロール)

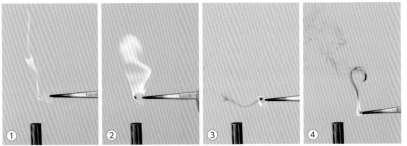

①〜④：簡単に発火したので、炎から素早く外した。黒いすすを出し、融け落ちながら燃焼した。発泡PSは表面積が大きく反応速度も大きくなるので特に注意。

生徒の感想

- 危険で臭いけど楽しい。
- プラスチックによって燃え方の違いがあることを初めて知った。燃えないものや、危険なものもある。
- 昔のプラスチックのない生活体験をしてみたい。
- 私の自由研究は、地球の環境保全とプラスチックです。

■ スプーン／PS (ポリスチレン)

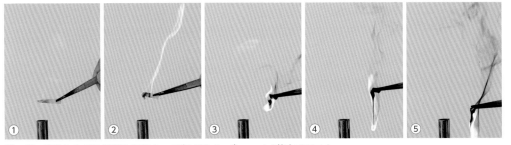

①〜⑤：発熱しながら燃焼し続けた。黒煙が多く、臭い。よく換気すること。

■ ビニールコード／PVC (ポリ塩化ビニール)、塩ビ

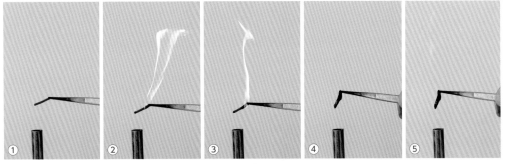

①〜⑤：簡単には燃焼しない。炎の中でも温度が低いと消えてしまう。

■ アクリル板／PMMA (ポリメタクリル酸メチル樹脂)、有機ガラス

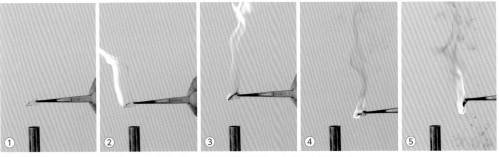

①〜⑤：量が多いことも原因の1つだが、熱、黒煙、悪臭を出しながらよく燃えた。

20 有機物から炭を作る

酸素がない状態で有機物を加熱すると、真っ黒な炭になります。炭は「赤熱するけれど炎を出さない炭素」です。また、炭を作るときに発生する気体には、燃焼しやすいものがあります（p.43 欄外）。

準　備

- 身近な有機物（割りばし、脱脂綿、紙、砂糖、巨峰、豚肉など）
- 試験管、ゴム栓、ガラス管
- ガスバーナー

⚠️ **注意** 有毒ガス、火傷

- CO の室内許容濃度は 0.001 % 以下。0.64 % の場合、15 ～ 30 分で死亡。

北京郊外の大気
大気に浮遊する 2.5 μm 以下の微粒子を PM2.5 という。肺の奥まで入りやすく、呼吸気管を害する。変換効率が低い火力発電所が大量に発生させる、といわれている。

PVC の燃焼 (p.73)
難燃性の有機物（プラスチック）は環境汚染物質を大量に発生する。

環境調査の対象物質
PM2.5、プラスチック、フロンガス、温室効果ガス（水蒸気、二酸化炭素、メタン）など。地球が持続できる可能性を高める必要がある（SDGs、p.72）。

■ 割りばしの炭を作る実験

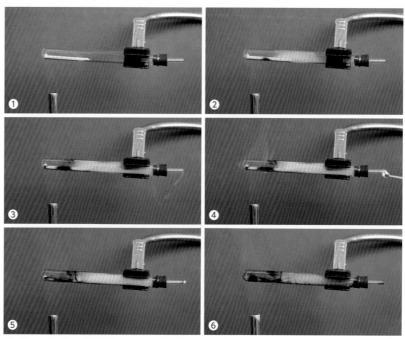

①、②：割りばしを試験管に入れ、ゴム管とガラス管をセットしてから加熱する。
③、④：気体（水蒸気→可燃性の気体）が発生してきたら、マッチで点火する。
⑤、⑥：燃焼が終わるまで待ち、その後、試験管の中の物質を取り出して調べる。

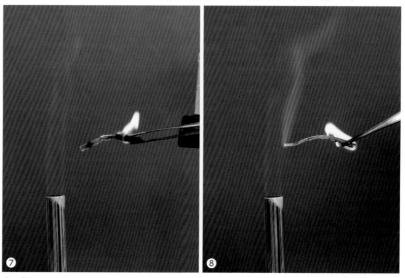

⑦、⑧：空気中で加熱し、炭になっていることを確認する。

▧ 脱脂綿の炭を作る実験

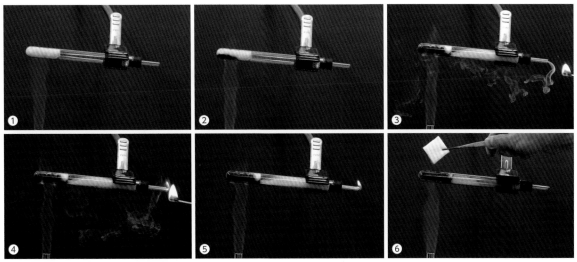

①〜⑤：割りばしと同じ方法で脱脂綿を加熱し、炭を作る。　⑥：炭作り終了後、試験管の上に脱脂綿をおき、空気中の加熱と比較する。

⑦〜⑨：空気中では二酸化炭素と水になり、何も残らない（写真⑨）。一方、試験管内では、黒い炭となって残る。それを取り出したものが、下の「脱脂綿の炭」。

▧ 脱脂綿の炭を取り出して加熱する様子

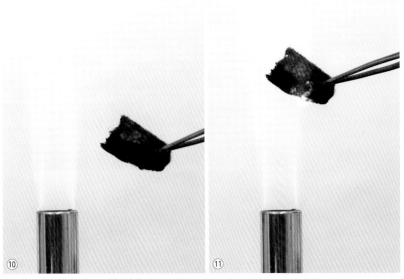

⑩、⑪：脱脂綿で作った炭を空気中で加熱する。赤熱するだけで炎は出ない。

👐 **生徒の感想**

・ とても臭いけど楽しい。
・ 有機物は何でも炭になる。ネットで見つけたバナナとかリンゴの炭も作ってみたい。

21 べっこう飴とカルメ焼き

家庭科で美味しい菓子づくりをしているので、シンプルなべっこう飴は人気がないだろうと思いきや、作っては食べ、食べては「甘すぎる」と言いながら、授業終了直前まで続けるほどの人気でした。

準　備

- 白砂糖　　　　　50〜100g
- 鍋、ガスバーナー、ビーカー
- スプーン、割りばし
- アルミホイル、つまようじ

⚠ 注意　火傷、換気

- 融けた飴は、沸騰した水よりも危険！ 万一の場合は、1秒でも早く冷やす（10分以上）。

複雑な砂糖分子

砂糖は約180℃で液体になるが、冷やしても元の結晶構造にならない。また、液化した後、脱水反応しながら激しく温度を上昇させて焦げる（p.71）。一部が液化した後は、慎重に余熱で加熱する。

チョコチップをふりかけた飴

生徒の感想

- またやりたい！
- ミカン飴をつくろうとしたけれど、水が出てきてダメだった。
- 先生にもイチゴ飴あげるね。

■ べっこう飴の作り方

①〜③：乾いたビーカーに白砂糖を入れ、弱火で加熱する。　④：焦げないように、砂糖をゆっくり動かす。速く動かすと砂糖の温度が下がるだけでなく、空気が混入する。　⑤：完全に透明になったらオッケー。

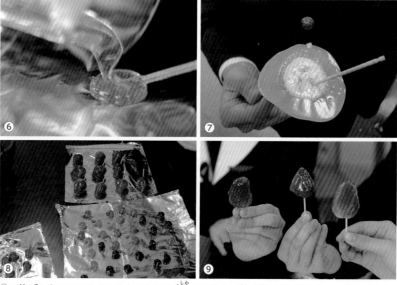

⑥：伸ばしたアルミホイルの上にたらす（皺があると、飴が取れなくなる）。　⑦：バナナ飴。お好みに合わせて、エッセンスを入れたり、チョコをのせても良い。　⑧、⑨：グミ入りべっこう飴、イチゴ飴。ここまでできれば、プロ!?

■ カルメ焼きの作り方

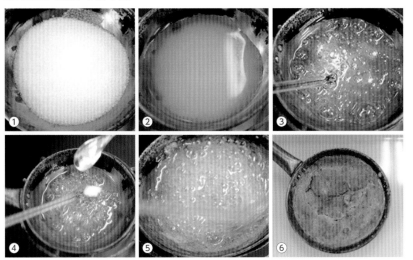

①、②：砂糖、同じ量の水を入れる。　③：弱火で加熱。　④、⑤：とろっとしたら火を止める。煮立っている状態がおさまってから 20 秒間数え、炭酸水素ナトリウム（耳かき1杯）を入れて混ぜる。　⑥：ふくらむのを待つ。

⑦：固まったら、強火でおたまを加熱して表面を溶かす。　⑧：つるん、と取れるはず！

■ カルメ焼き職人の技

台湾の露店で見かけた職人さんは、5分で仕上げました。

①：炭火。　②：濃い色の砂糖水溶液。　③〜⑥：木の棒に重曹卵をつけて混ぜる。

準　備

- ザラメ（白砂糖や黒砂糖はいくつかの糖類が混合したもの。写真はグラニュー糖を使用）
- 炭酸水素ナトリウム（重曹）

⚠ **注意**　火傷、換気

重曹卵
重曹のかわりに、重曹卵（卵の卵白、炭酸水素ナトリウム、砂糖の混合物）を使うほうが、良くふくらむ。

重曹を入れる温度
125℃前後で入れる。これより低いとふくらまず、高いと泡を閉じ込められない。

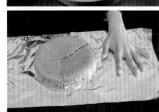

鍋で作ったカルメ焼き

🔖 **生徒の感想**

- 砂糖の種類で全然ちがうから、家でやり直します。
- さくさく食感が美味しい。

第4章

第5章 状態変化

　状態変化は、物質の状態は変わるものの、物質そのものは変わらない変化です。物質の状態は固体・液体・気体の3つに分けられます。第5章は、小さな粒子の動きをイメージし、物質の状態変化を説明できるようにすることが目的です。

1　沸騰した水の泡を集めよう

　沸騰した水から出てくる「泡」は何でしょう？　授業での予想は、空気・酸素・二酸化炭素などでしたが、みなさんは何だと思いますか。自分の考えをまとめてから実験しましょう。

準　備

- 水　　　　　200mL
- ビーカー、試験管
- ガスバーナー、温度計（100℃）

⚠ **注意** 火傷、換気

- 沸騰石をたくさん入れると安全、かつ、気体がたくさん発生する。

火力を調節する生徒
中火で行う。バーナーの炎が温度計に影響を与えないように注意する。

水中で呼吸する鯉
水は、酸素や二酸化炭素などの気体を溶かしている。水を加熱すると酸素が気体になって飛び出すので、沸騰して冷ました水に魚を入れると窒息死する。

■ 沸騰したときの泡を集める実験

①：水を満たした試験管を逆さにセットし、加熱する。沸騰石はたくさん入れる。　②、③：沸騰前に、無数の小さな気体が発生する。　④：沸騰石から泡が発生する（沸騰）。　⑤：泡は、試験管に全くたまらない。なお、上部の気体0.5mLは、沸騰前の気体（写真②、③）で、その量は不変。

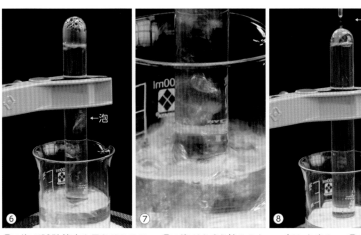

⑥：泡が試験管内を昇りはじめる。　⑦：泡がたまり始めると、一気にたまる。　⑧：火を消す。試験管の底に水をかけると、水が吸い込まれ、試験管が水で満たされる。

■ 試験管内の水を直接加熱する実験　⚠注意 指導者が行う実験

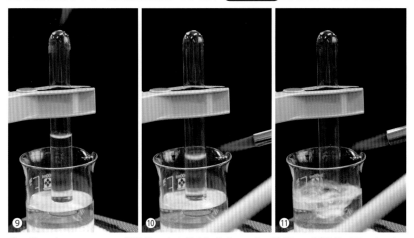

⑨〜⑪：ガスバーナーで、試験管の底や横を加熱する。水が沸騰し、試験管が見えない気体（水蒸気）で満たされる。この後、ガスバーナーを外して温度が100℃まで下がると、液体の水に戻り、試験管内の圧力が低下してビーカーの水が入る（初めの状態に戻る）。

■ 結果の考察「水の状態変化」

水　←冷却する　●　加熱する→　水蒸気

見える＝液体　　　　　　　　　　見えない＝気体

　沸騰でできた泡は、気体の水（水蒸気）です。水蒸気が見えない（写真⑪）理由は、水分子がガスバーナーから熱エネルギーをもらって飛びまわり、一粒が占める体積が約1700倍になるからです。逆に、冷やすと元気を失ったかのように固体の水（氷、結晶）に変わります。このような変化を状態変化といい、何度でもくり返すことができます（物質そのものは変化しません。モデル図 p.80）。

ポイント

試験管の温度は100℃程度なので、冷水をかけても割れる心配はない。

見える状態の水

白く写っているものは、液体の水。この風景写真に気体の水（水蒸気）は、1粒も写っていない（気体は見えない）。

見える状態の水「雪」

固体の状態の水は p.80。

🖊 **生徒の感想**

・沸騰した泡は、水（水蒸気）だった。
・スポイトで水をかけると、一気に水が上がってきた。
・試験管はからっぽではなくて、水蒸気でいっぱい。
・簡単だけれど楽しい！

2 物質の三態（固体・液体・気体）

　すべての物質には、3つの状態「固体・液体・気体」があります。人に例えるなら、寝ている状態、起きている状態、空を飛んでいる状態で、同じ人（物質）なのに、まるで違ってしまいます。

■ 状態変化のモデル図

　すべての物質は、次のように状態変化します。その条件は、温度と圧力の2つですが、中学では1気圧（標準気圧）で考えます。

標高2385mの山で水を沸かす
気圧が低いと100℃未満で沸騰する。水分子を押さえつける圧力（大気圧）が低いから。

−50℃の水蒸気
冬のスキー場にも、冷凍庫にも水蒸気は存在する。水蒸気＝気体＝目に見えない状態、であり、温度とは関係ない。一方、固体の氷は必ず0℃以下。−5℃や−30℃の氷もある。

昇華・凝華の例
• ドライアイス←→二酸化炭素
• ナフタレン（防虫剤）
※圧力を変えれば、ほとんどの物質が昇華・凝華する。

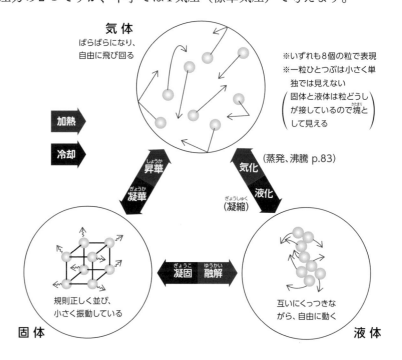

気体
ばらばらになり、自由に飛び回る

※いずれも8個の粒で表現
※一粒ひとつぶは小さく単独では見えない
（固体と液体は粒どうしが接しているので塊として見える）

加熱
冷却

昇華
凝華

気化
液化

（蒸発、沸騰 p.83）

（凝縮）

凝固　融解

固体
規則正しく並び、小さく振動している

液体
互いにくっつきながら、自由に動く

■ 食塩を加熱して、液体にする実験

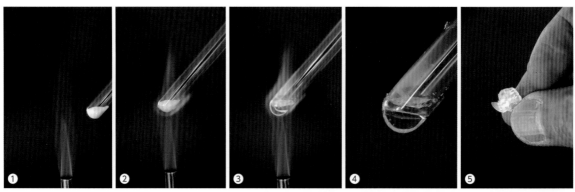

①〜③：食塩を試験管に入れ、加熱する。融点800℃で液体（p.83）。温度が上がらないときは、アルミホイルで軽く囲う。0.5g程度なら比較的簡単に融解する。　④：融解した食塩。　⑤：冷却し、凝固した食塩。

3　分子運動実験器でイメージする

　理科室にある分子運動実験器は、熱によって激しく動きまわる小さな粒子をイメージする装置です。固体は整列したまま振動、液体はくっつきながら流動、気体はばらばらで空中飛行している状態です。

■ 分子運動のモデル

①：固体や液体は、球が動いていても互いに接している。　②〜④：振動数を上げる（エネルギーを与える）と、球がばらばらになり自由に動く（気体のイメージ）。

■ シャッタースピードを下げて撮影したもの

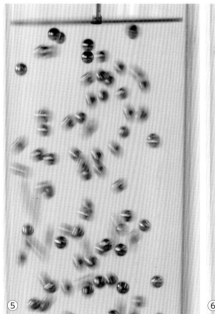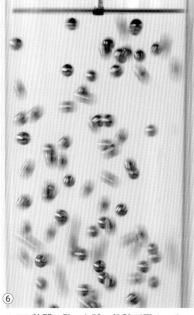

⑤、⑥：カメラのシャッタースピードは1/60秒。1/60秒間に動いた球の軌跡が写る。2つの写真から球の運動の「方向」と「速さ」がばらばらなことがわかる。実際の粒子はとても小さいので、普通のカメラでは撮影できない。

分子運動実験器
ガラス管の中に小さな硬球を入れ、下の振動板の運動状態を変える装置。

熱＝分子運動の激しさ
分子運動の激しさは、熱エネルギーの大きさを表す。

状態を変化させる2つの要因
状態変化の要因は、熱エネルギー（温度）と圧力の2つ。しかし、中学では、温度だけに着目し、圧力は考えない。

スケート靴のブレード
ほとんどの物質は、圧力が加わると気体→液体→固体の順に状態変化する。しかし、水は例外で、鋭いブレードで氷に大きな圧力を加えると、氷が水に（固体が液体に）なる。

**　生徒の感想　**

・ 球がびゅんびゅん飛んだ。
・ 振動が強くなるとわくわくする。
・ 振動数が小さいときは、球全体が上下するだけだった。固体の振動だ。

4 紙で水を沸かす

一度はこの手と目で確かめてみたい実験です。紙は100℃では発火しないので、直接炎が触れないようにすれば、水を沸騰させることができます。紙は薄いコピー用紙で十分です。

準　備

- 紙
- 水　　　　　100mL
- ガスコンロ、セラミック金網

⚠️**注意** 火災、火傷、換気

- 必ず指導者のもとで行う。

実験のポイント

- 紙は燃えるより、水で湿って破れることの方が多い。
- 紙コップでも沸騰させられる。

発火点（着火点）

ある物質が自然に発火する温度を発火点という。ただし、条件や測定方法によって大きく変わる。紙は、300℃以上。

2つの変化に必要なエネルギー

この実験は、状態変化（水）と化学変化（紙）の2つを含む。

水	水 ⟷ 水蒸気
紙	紙 → 二酸化炭素 ＋ 水 _{化学変化}

※水やエタノールなどの物質が状態変化しているときの温度は一定（p.84）。沸騰中は100℃以上にならないので、紙は化学変化するエネルギーを得られない。

生徒の感想

- ワイルドな実験大好きです！
- 途中で紙が破れてべちゃべちゃ。

■ 紙の容器で水を加熱する実験（水の沸点 vs. 紙の発火点）

①：紙で箱を作り、適量の水を入れて火にかける。　②：温度計で水温を測りながら、沸騰する様子を観察する。このときの温度は、約79℃。

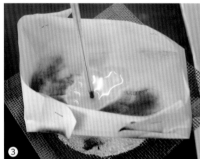

③：水が沸騰し、ほとんどなくなった。紙は焦げ始めているが、発火はしていない。　④：十分な安全を確認できるなら、紙を発火させても良い。　⑤：燃え残った紙の箱。

■ いろいろな温度「点」の名前

　純物質が状態変化する温度は、それぞれ決まっています。それはピンポイントなので、次のような名前がつけられています。

凝固点	固体 凝固← 液体	（凝固点と融点は等しい）
融点	固体 融解→ 液体	
沸点	液体 気化→ 気体（蒸発する温度は不定）	
露点	・空気中の水蒸気（気体）が露（液体）になる温度 （湿度によって変わるので、一定ではない）	
発火点	・ある物質が、化学変化する温度（p.82 欄外）	

露点の測定

氷水を放置すると、表面に水滴ができる。そのときの温度を露点といい、湿度で変わる（詳細はシリーズ書籍『中学理科の地学』）。

■ いろいろな物質の融点と沸点（1 気圧の場合）

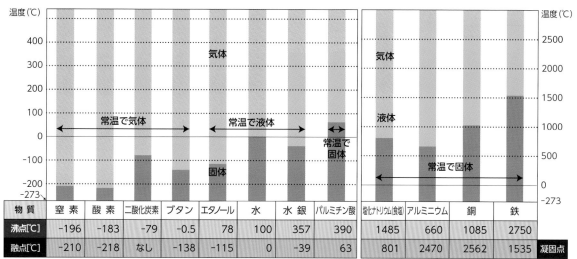

物　質	窒　素	酸　素	二酸化炭素	ブタン	エタノール	水	水　銀	パルミチン酸	塩化ナトリウム(食塩)	アルミニウム	銅	鉄
沸点[℃]	-196	-183	-79	-0.5	78	100	357	390	1485	660	1085	2750
融点[℃]	-210	-218	なし	-138	-115	0	-39	63	801	2470	2562	1535

■ 沸騰と蒸発を区別しよう

　液体から気体に変わる現象を気化といいます。表面からの気化を蒸発、高エネルギーの粒子が液体内部で気化することを沸騰といいます。

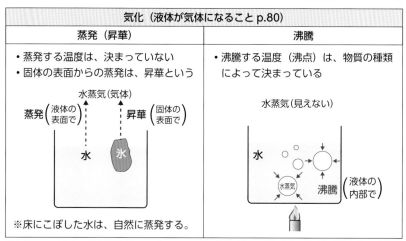

気化（液体が気体になること p.80）	
蒸発（昇華）	**沸騰**
・蒸発する温度は、決まっていない ・固体の表面からの蒸発は、昇華という	・沸騰する温度（沸点）は、物質の種類によって決まっている

※床にこぼした水は、自然に蒸発する。

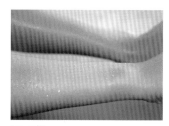

ヒトの汗

汗でひんやりするのは、蒸発するときに気化熱を奪われるから。昇華、沸騰するときも、まわりから熱を奪う。

5 エタノールの沸点

エタノールが沸騰する温度（沸点）を測定しましょう。純粋なエタノールは78.4℃で気体になります。状態変化している間は、いくら加熱しても温度が上がらず、一定です。

準　備

• エタノール
• 試験管、沸騰石、ビーカー
• 加熱器具、温度計
• 時計、記録用紙

⚠注意　火傷、換気、引火
• アルコールにかぶれやすい生徒は、それを含む空気を吸ってもダメ。アレルギーにも注意。

エタノール C_2H_5OH
無色透明な液体で、消毒や化粧品に使われる。融点 − 114℃。沸点 78.4℃。

曲線グラフの書き方
全データ（点）を書いてから、それらの平均となる「滑らかな曲線」を書く。このとき、明らかな失敗データは無視する。※比例グラフの書き方は p.49。

温度が上昇しない理由
小さな水分子たちが飛び立つためのエネルギーを必要としているから。全て飛び立つと、上昇が再開する。

生徒の感想
・簡単だけど、きちんとできて嬉しい。
・エタノールの匂い、好き。

■ 湯煎によるエタノールの加熱実験

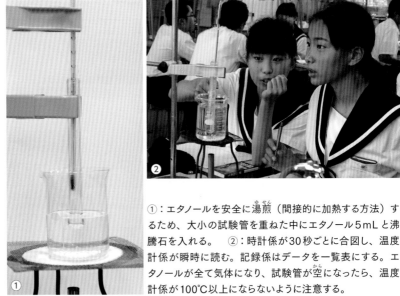
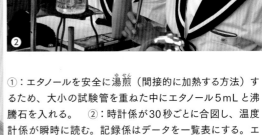

①：エタノールを安全に湯煎（間接的に加熱する方法）するため、大小の試験管を重ねた中にエタノール5mLと沸騰石を入れる。　②：時計係が30秒ごとに合図し、温度計係が瞬時に読む。記録係はデータを一覧表にする。エタノールが全て気体になり、試験管が空になったら、温度計係が100℃以上にならないように注意する。

■ 測定結果のグラフ

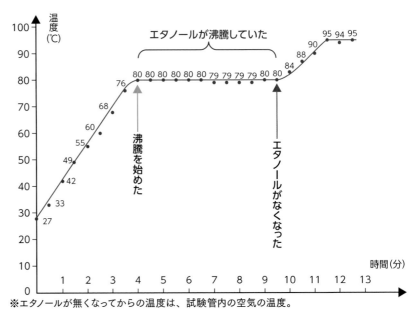

※エタノールが無くなってからの温度は、試験管内の空気の温度。

■ エタノールの体積変化（液体→気体→液体）

エタノールは、液体から気体に状態変化すると、体積が約490倍になります。ただし、質量（g）は同じです。

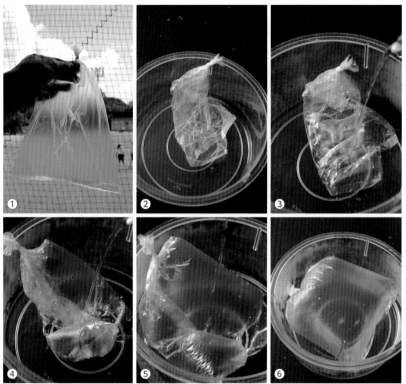

①：少量のエタノールをビニール袋に入れ、口を縛る。　②〜⑥：沸騰した熱湯をかける。沸点78.4℃以上で膨らむ。室温が低い場合は、気化しにくいので、熱湯が直接当たるようにかける（熱湯の飛び散りに注意する）。

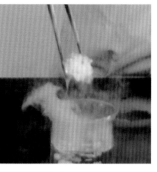

固体のエタノール
液体窒素を使うと、固体のエタノールをつくることができる（p.94）。固体のエタノールは、液体中に沈む（ほとんどの物質と同じ）。

液体中に沈む固体のろう
状態は変化しても、質量は変化しない。

■ ろうの体積の変化（固体→液体→固体）

ろうを含むほとんどの物質の固体は、液体に沈みます（体積：固体＜液体、密度：固体＞液体）。水は例外で、液体に浮きます（p.41）。

生徒の感想
・ろうは浮くと思っていた。

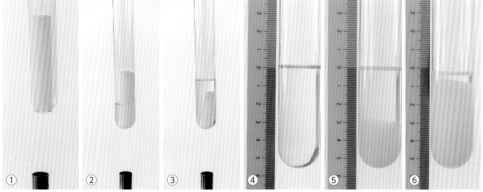

①〜③：試験管に固体のろうを入れて加熱、液体にする。固体のろうが液体中に沈んでいることにも注目！（③）。　④〜⑥：放置して冷まし、体積変化を調べる。結果は減る。

6 パルミチン酸の融点・凝固点

パルミチン酸は、安全で融点や凝固点が測定しやすい純物質です。単純な実験ですが、美しいグラフと良い結果が得られます。

準　備

- パルミチン酸　　4g
- 試験管（大、小）
- 加熱器具、温度計、時計

⚠注意　火傷、換気

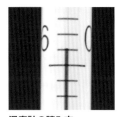

パルミチン酸　$C_{15}H_{31}COOH$
白い顆粒状の物質。ラード、バターなど油脂の主成分。有機物。化粧品、石鹸に使われる。融点62.5℃。沸点390℃。

温度計の読み方
目の高さにして、目盛りの1/10まで読む。この場合、61℃ではなく、61.1℃。有効数字3桁（有効数字 p.27）。

■ 融点、凝固点を測定する実験

融ける温度と固まる温度は同じです。温度変化をゆっくりにするほどよいデータになります。火力は最後まで同じにします。

①：試験管を2重にしてパルミチン酸を入れる。　②～④：沸騰石を入れて湯煎し、30秒ごとに、温度と状態を記録する。※この実験をメントール（ハッカやミントに多く含まれる）で行う場合は、43℃で状態変化が起こる。

■ 融け始めから完全に融けるまでの変化「融点」

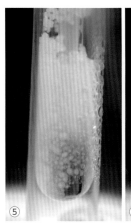
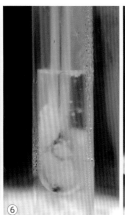
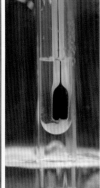

⑤～⑨：固体と液体の状態が同時に存在している。加熱しても温度は一定（融点）。

■ 空気中で冷やすときの変化「凝固点」

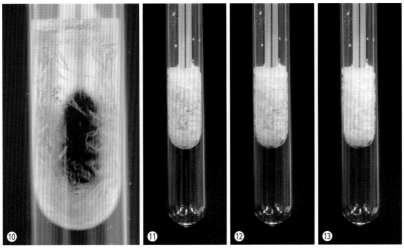

結果をグラフ化する生徒
上の生徒は、変化が少ない凝固点あたりの処理をしている。

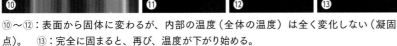

⑩〜⑫：表面から固体に変わるが、内部の温度（全体の温度）は全く変化しない（凝固点）。　⑬：完全に固まると、再び、温度が下がり始める。

■ 測定結果のグラフとまとめ

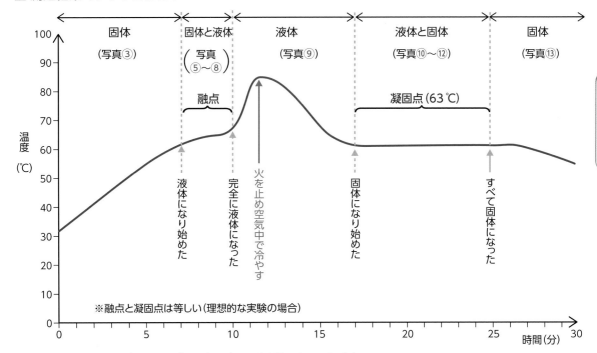

融点：7〜10分のところ（61〜63℃）　　凝固点：17分以降のところ（63℃）

　温度変化が見られないのは、固体から液体へ（融点）、液体から固体へ（凝固点）の2カ所です。これは、状態を変化させようとする分子がエネルギーを受け取ったり出したりしているからです。すべての分子が状態変化を完了するまで、全体の温度は変化しないのです。

生徒の感想

・融点はうまくできなかったけれど、凝固点は完璧！
・奇麗なグラフができました。

第 5 章

7 エタノール水溶液を分留しよう

　水とエタノールを混ぜると、無色透明のエタノール水溶液になります。もう元に戻せないように見えますが、2つの物質の沸点の違いを利用すると、初めの2つに分けることができます（分留）。

準　備

- エタノール、水
- 試験管と試験管立て
- ガラス管つきゴム栓、ゴム管
- ガスバーナー、沸騰石
- 脱脂綿、ストロー

⚠️ **注意** 火傷、換気、逆流

- 試験管を変えるとき、ゴム管やガラス管が熱くなっている。

エタノールの沸点	78℃
水の沸点	100℃

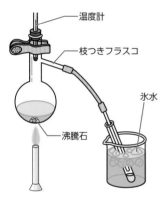

理想的な分留装置
枝付きフラスコ、温度計、氷水を使うと、より良い分留ができる。

3つの物質の密度の比較
3つの物質の密度（p.26）を比較すると、水＞ストロー＞エタノール。ストローは水に浮き、エタノールに沈む。

■ エタノール水溶液（混合物）を分留する実験

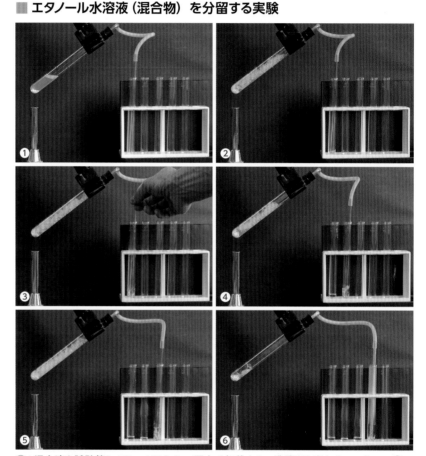

①：混合液を試験管に1/4〜1/5入れ、弱火で加熱する。沸騰石も忘れないこと。　②：発生した気体を冷やし、液体として集める（水で冷やすほうが良い）。　③、④：1mL程度たまったら、次の試験管で集める（少量ずつ分けたほうが良い）。　⑤、⑥：同じ操作をくり返す。

■ 分留した液体を調べる方法（密度）

⑦：ストローの小片を入れる。左端は沈んでいるが、順に浮いていく。この現象は、水とエタノールの密度（比重）の違いから説明できる（p.89）。

■ 分留した液体を調べる方法 (可燃性)

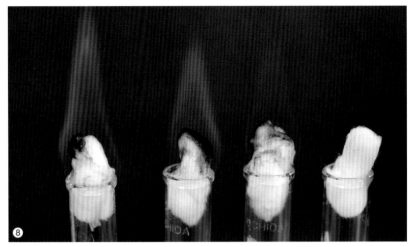

⑧：分留した液体を脱脂綿につけ、それらを試験管の口にのせて点火する。

エタノール水溶液を加熱したグラフ

混合物を加熱したグラフは、明確な点（温度）にはならない。つまり、完璧に分けられないことを示す。

■ 分留した液体の性質を調べた結果

	試験管			
	1本目	2本目	3本目	4本目
ストローを入れる	よく沈む	沈む	やや浮く	浮く
マッチを近づける	よく燃える 瞬時に点火！	燃える	少し燃える	燃えない
手で触る	ひんやりする	ひんやりする	少しひんやり	水みたい

　エタノールの沸点は水より低いので、初めにエタノールが気化します。もし、78℃以上100℃未満を保つことができれば、ほぼ完全にエタノールを取り出せます。このように、物質の沸点の違いを利用して混合液を分けることを、分留といいます（蒸留 p.91 欄外）。

生徒の感想

・無色透明な液体が2つに分かれるのは不思議だけど、ちゃんと分かれた。

・試験管がお誕生日で使うろうそくみたい。

第5章

■ 密度の違いで、エタノールと水を区別する実験

混ぜる →
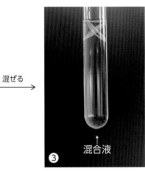
混合液

①：エタノール（左）と水（右）を肉眼で見分けることはできない。　②：ストローの小片を入れると、左は沈み、右は浮く。　③：エタノールと水を混ぜると、水100％のようにしっかり浮かないが、一応浮く。

実験のポイント

ストローに気泡がついて沈まない場合、トントンと試験管の底をたたく。

8 ウイスキー、みりんなどを蒸留しよう

台所にある水溶液のいくつかは、エタノールを含んだ混合物です。成分表示を見て、興味をもった水溶液を蒸留してみましょう。

ピンセットで操作する生徒
水蒸気は 100℃以上なので注意する。

エタノールを含むいろいろな水溶液

ウイスキーのラベル
アルコール40％なので、試験管5本に蒸留した場合、計算上、初めの2本はアルコール。なお、食品に含まれるアルコールはエタノール。

■ ウイスキーを蒸留する実験

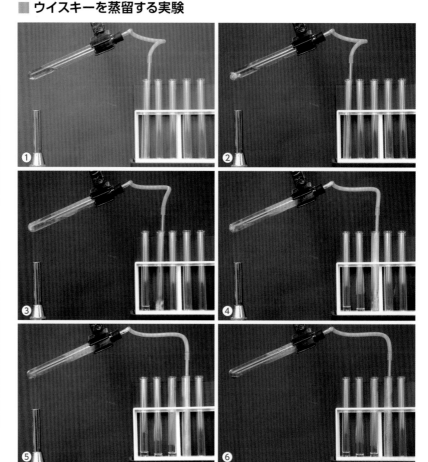

①、②：試験管にウイスキーと沸騰石を入れ、弱火で加熱する。　③〜⑤：試験管に5mm程度たまったら、順次、試験管を変えていく。　⑥：ウイスキーがなくなってきたら、ガスバーナーをはずす。

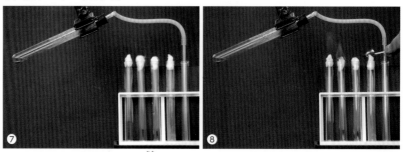

⑦、⑧：たまった液体を脱脂綿に浸し、火をつける。初めに出てきた液体のほうがよく燃えているので、エタノール成分が多いことがわかる。

■ ラム酒（お菓子用）を蒸留したときの様子

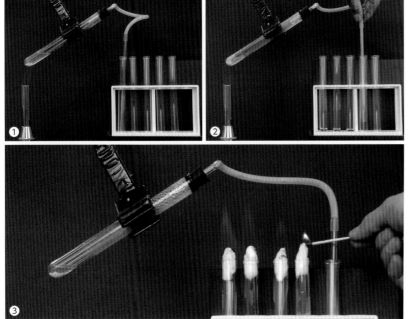

混合物の分離方法

蒸　留	・沸点の違いを利用する ・液体の混合物を分ける
濾　過	・固体や沈殿物を分ける
水を蒸発	・水に溶けている物質「溶質」を取り出す
再結晶	・溶解度の違いを利用する ・水に溶けている複数の溶質を分ける（再結晶 p.106）

※蒸留の中でも、ほぼ完全に分けられる場合や原油を蒸留する場合に「分留」という。

生徒の感想

・試験管に残った旨味成分を最後まで加熱したら、炭になり、こびりついた試験管は廃棄処分になった。
・香水づくりも同じ！

①、②：ウイスキーと同じように蒸留する。　③：試験管3本目まで点火したが、4本目はつかない。また、加熱した試験管の中の液体はとろっとして甘い匂い。

■ 原油（石油）の精製「分留」

　地下から採掘される原油は、大昔のプランクトンなどの生物（有機物）からできた混合物と考えられています。これを加熱すると、沸点の順に分かれます。最後に残るのは、高温でも蒸気にならない重油やアスファルトです。

●原油の精留塔

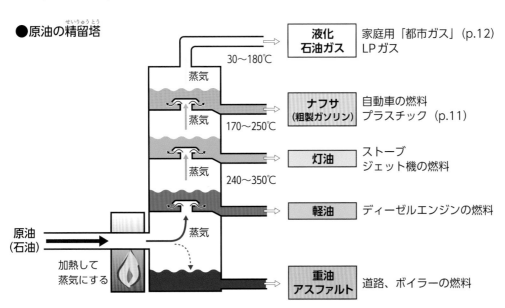

9 液体窒素による状態変化

窒素は大気の78%を占める気体ですが、専用ボトルの中では液体、温度は−196℃以下です。このページでは、授業で行った演示実験のいくつかを紹介します。非日常的な温度と状態を楽しんでください。

準 備

- 液体窒素（専用ボトル入り）
- 断熱材
- ビーカー、水槽、鉄製スタンド
- 試験管
- ピンセット（大型）
- 軟式テニスボール
- ジェット風船
- 二酸化炭素ボンベ
- 酸素ボンベ
- 線香、マッチ
- エタノール
- フィルムケース

※十分な予備実験を行った上で、手袋はあえて使用しない。分厚い専用手袋は細かい操作が難しく、布製の軍手は凍傷の恐れがあり厳禁。これに対して、素手は液体窒素が皮膚に接触する前に気化する。むしろ、低温になったビーカーやピンセットなどの器具に注意すること。

⚠ 注意 酸欠（さんけつ）、凍傷（とうしょう）、爆発

- 凍傷に注意する。
- 酸欠防止のため換気を良くする。

液体窒素の特徴

Ⓝ Ⓝ
- 化学式（分子式）N_2
- 無臭
- 無色透明
- 反応性に乏しい

■ 実験1 超低温との出合い

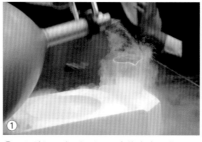 

①：わざとこぼしながら、液体窒素を出す。　②：慣れると危険性を忘れるので、「細胞内の水が−196℃の固体になり、壊れて死ぬこともある」と警告する。

■ 実験2 軟式テニスボールの落下

①：ボールを凍らせる。沸騰がおさまったら、凍結完了。柔らかいゴムはカチカチ、内部の空気は液体になりほぼ真空状態。　②、③：高い位置から落とすと割れる。飛び散った破片に注意すること。

■ 実験3 空気を液体にする

①〜③：ジェット風船に空気を入れ、液体窒素で冷やす。

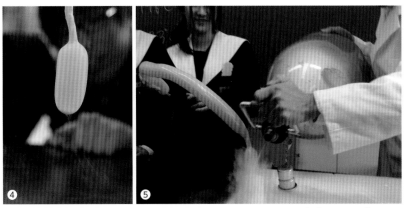

④：完成した数 mL の液体空気。生徒の息でふくらましたので、H₂O（氷）や CO₂（ドライアイス）が多い。空気中では、激しく沸騰しながら気体に戻る。　⑤：再び冷やす様子。

■ 実験4　ドライアイスをつくる（凝華と昇華）

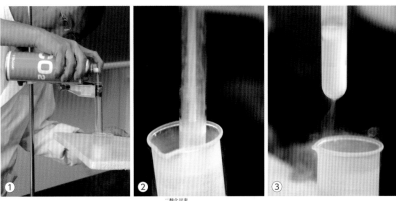

①、②：冷やした試験管に、勢いよく CO₂ を入れる。一瞬で凍った CO₂ が「雪」のように試験管内から飛び出す。　③：ゆっくり入れ、固体をふやす（凝華させる）。

二酸化炭素の特徴

- 無臭
- 無色透明
- 空気より密度が大きい
- 水に溶け、酸性を示す（炭酸水）
- 融点なし
  （通常は、固体⟷気体）
- 沸点 − 79℃
- ドライアイスが気体になると体積は 810 倍
- 高い圧力のとき、液体になる

第5章

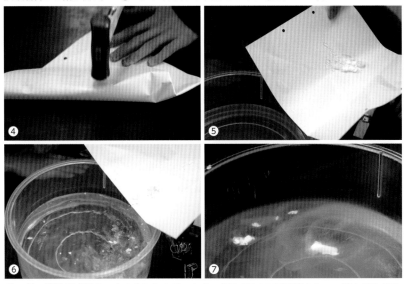

④〜⑥：試験管を割り、水の中に入れることで、ドライアイスを確認する。　⑦：ドライアイスが水に浮かび、固体から気体へ昇華する様子を観察する。

■ 実験5　酸素を液体にして、火のついた線香を入れる

①：酸素ボンベでゴム風船に酸素を入れ、試験管に取りつける。試験管を冷やして、液体酸素をつくる。沸点は−183℃。　②：液体酸素が「うすい青色」であること、磁石にくっつくことを確認する。

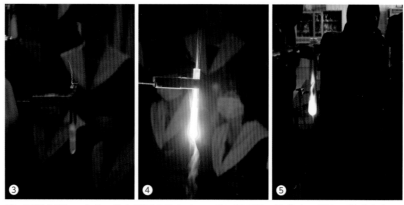

③：電気を消し、火をつけた線香を入れる。　④：超低温の液体中で燃える線香を楽しむ。なお、試験管の下にたなびく一筋の白い煙は、空気中の水蒸気が冷やされてできた水。
⑤：別のクラスで、線香を入れたときの様子。

■ 実験6　中間状態のエタノール

エタノールの特徴

- 酒の匂い
- 無色透明
- 水より密度が小さい (p.89)
- 水によく溶け、中性を示す
- 融点 − 114℃
- 沸点 78.4℃ (p.88)

⑥、⑦：大小２つのビーカーにエタノールを入れ、小さなビーカーに液体窒素を注ぎ、固体のエタノールをつくる。　⑧：固体をピンセットで取り出す。このとき、固体と液体の中間（ガラス状からゼリー状へ）のめずらしい状態を観察する。

⑨：エタノールの固体を液体の中に入れる。　⑩：液体中に沈む固体のエタノールを観察する。固体が液体に沈む現象は一般的だが、日常で見るチャンスは少ない。

■ 実験7　フィルムケース・ロケット

①：フィルムケースに液体窒素を少量入れ、ふたを置く。沸騰中に閉めるとすぐに爆発するので、沸騰が落ち着いてから閉める。　②：安全な場所に退避する。

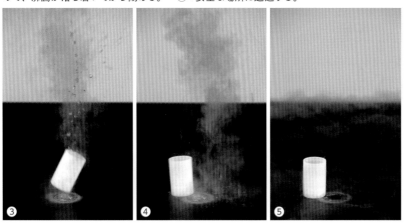

③〜⑤：約10秒後、ぱーんと大きな音を立て、ふたが吹き飛ぶ。液体が気体になるとき、体積が650倍になることを利用する。この実験は、ドライアイスが二酸化炭素に変わる体積変化（810倍）でもできる。

■ 実験8　マイスナー効果

黒い物体は超伝導物質、その上にある銀色の物体は磁石。超伝導物質は常温で何も作用しないが、冷やすと完全反磁性（N極にもS極にも反発する）をもつ。これは、1933年にマイスナーが発見したので、マイスナー効果ともいわれる。

第5章

生徒の感想

・液体窒素最高！！
・テニスボールがぱーん、とものすごい音を立てて割れた。そして、またゴムに戻った。
・指が凍らなくて良かった。

第6章 水溶液

水溶液は、水の中に1種類以上の物質が溶けたものです。肉眼では安定している水溶液でも、粒子レベルでは、溶けている粒と水分子がダイナミックに動き回っています。第6章の目標は、粒子レベルで水溶液をイメージすることです。

1 溶媒（水）と溶質

ある物質を溶かすための物質（溶媒）は、水に限りません。油やエタノールに溶ける物質もあります。例えば、フェノールフタレインやBTBはエタノールに溶かしてから水で薄めるので、溶液といいます。しかし、この章では溶媒を水に限定し、みなさんの思考を助けます。

■ 溶質の状態による分類

溶けている物質（溶質）は、分離したときの状態で分類できます。

溶質の状態	主な溶質 ➡ 分離方法
気体	・塩化水素、アンモニア、二酸化炭素 　→ 加熱するだけで気体として分離する
液体	・エタノール（ビールや日本酒などに含まれる） 　→ 沸点の違いを利用した分留（p.88）、蒸留（p.90）
固体	・食塩、ミョウバン（電解質）、角砂糖（非電解質） 　→ 再結晶（水の蒸発 p.106、溶解度の変化 p.108）

海水で生活するキタカミクラゲ
地球の海水には、酸素、二酸化炭素、食塩（塩化ナトリウム）、金属イオン、アンモニア、生命の源となる有機物など、無限ともいえる物質がさまざまな状態で溶け込んでいる。

水の主な特徴

- 0～100℃のとき液体
- いろいろな物質を溶かす
- 極性をもつ（静電気に反応する）
- 生命活動の基盤

溶解と融解を区別しよう！

溶解	・ある物質が、他の物質に溶けること（透明、かつ、均一） ・液体どうし、気体どうしで起こる
融解	・ある物質が、固体から液体に状態変化すること（p.80）

■ 硫酸銅が水に溶ける様子を観察する

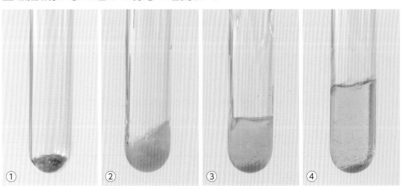

①～⑤：試験管に硫酸銅を入れ、水を注ぐ。硫酸銅の粒子に注目する。

2 無色透明、無臭の溶液「硫酸」

　1滴の硫酸は、あなたの皮膚から水素原子と酸素原子を奪い去り、とてもひどい火傷を残します。この実験は大変危険なので、先生が演じて見せるだけです。みなさんは絶対に行わないでください。

■ぞうきんに硫酸2mLをかける実験　⚠注意 指導者が行う実験

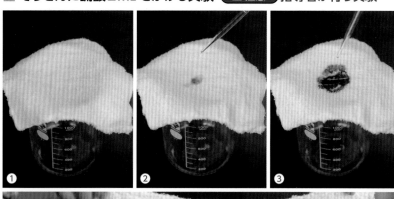

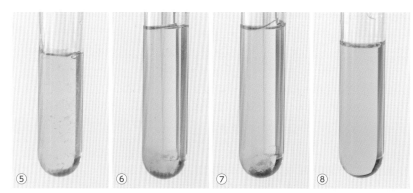

①：水で湿らせたぞうきんをビーカーの上に置く。　②、③：濃硫酸2mLを静かにかける。
④：ビーカーの底に焼けて落ちたぞうきんにも注目。

⑥、⑦：ガラス棒でかき混ぜる。　　⑧：完全に溶解した硫酸銅水溶液。青色透明。
※溶ける＝透明＝肉眼で見えなくなる、と考えても良い。

⚠注意　細胞の損傷
・毒劇物取扱責任者（理科の先生は有資格者）の指示にしたがう。

硫酸（H₂SO₄）
化学的につくられた溶液で、強い脱水作用をもつ。蒸発せず、放置すると逆に濃縮する。

$$H_2SO_4 \xrightarrow{電離} 2H^+ + SO_4{}^{2-}$$

化学実験を安全に行うための約束
(1)先生の指示にしたがう
(2)試験管には1/5が適量
(3)瓶から注ぐときはラベル側を持つ
(4)ろ過は、ガラス棒を伝わらせる
(5)匂いは手で仰いで嗅ぐ
(6)保護メガネを着用する
(7)換気に注意する
(8)廃液処理を正しく行う
(9)事故はすぐに先生に報告
　（目に入ったら、流水で20分）
　（皮膚についても10分以上）

生徒の感想
・ジュジュジュと音を立て、穴をあける硫酸を見たとき、絶対に近づいてはいけないと思った。病院に行っても手遅れ。映画とは違う。
・こぼれた水と区別できない。後片付けはいつもきちんとする。

3 焦げた砂糖の拡散

焦げた砂糖を作り、試験管に水を入れて浮かべます。あっという間に溶けていきます。沈んでいくようにも見えますが……。

準 備

・焦げた砂糖
・水、試験管

生徒の感想

・砂糖がどれだけ溶けているかは、舐めちゃえば分かるよ。甘いケーキだってわかる。
・砂糖は簡単に溶ける。
・ふわふわの炭は浮いていた。シェイクしてもまったくとけない。

■ 焦げた砂糖を水に入れる実験

砂糖は沈殿しません。茶色ですが、透明になり見えなくなります。

①：焦げた砂糖や炭を作る（p.69）。　②：砂糖や炭を水に浮かべて観察する。

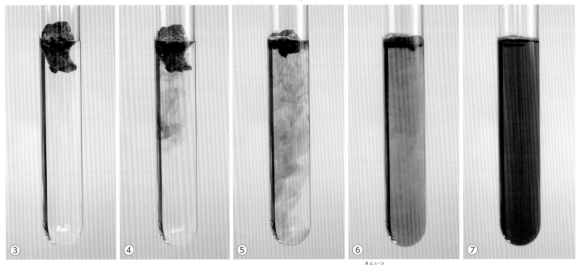

③～⑦：砂糖は入れた瞬間から溶け始め、均一な濃さになる。沈殿物はない。

砂糖の溶解度
水100g（20℃）に204g溶ける（p.110）。

なぜ、小さな粒が動くのか
この世界はすべて動いている。あなたも私も、水も砂糖も、電子も原子核も動いている。逆に、絶対零度（−273℃）、すなわち、エネルギー0となったとき、全てが静止する。つまり、私たちの宇宙（時間や空間を含む）は消失する。存在すること（生きること）＝動くこと、なのかもしれない。

■ 結果の考察

次の2つの疑問について、「砂糖＝小さな粒の集まり」として考えてみましょう。答えも同時に示します。

疑問1　なぜ、沈殿しないのか？
→　粒がばらばらになった後も、<u>自由自在に動き回っている</u>から。じっとしたり、集まったりしない。

疑問2　茶色いけど透明、とはどんな状態か？
→　<u>一粒一粒は小さくて見えない</u>。しかも、その粒は光を反射、屈折させることもないので透明に見える。

■ 拡散のモデル図

　砂糖は小さくて見えない砂糖分子（ぶんし）が集まったもの、と考えます。砂糖を水に入れると分子がばらばらになりますが、それは水分子がさかんに動いているからです。2つの分子は自由に動き回り、結果として「均一（きんいつ）」に混ざり合います。このように、**分子が自由に動いて均一に混ざる現象を拡散（かくさん）（溶解（ようかい））**といいます。

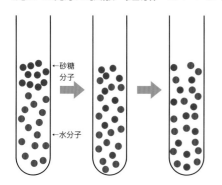

粒の運動を考えない拡散モデル
（砂糖分子と水分子が均一になるまで）

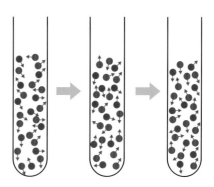

拡散後の分子運動のモデル
（拡散前と同じように運動を続ける）

■ 液体と気体の中で起こる拡散

　拡散は気体の中でも起こります。例えば、小さな部屋の中でこっそり「おなら」をすると、おならの粒子は自ら（みずか）運動したり、大気の分子に動かされたりします。そして、部屋の中で完全な均一になるまで動き、さらに、均一になってからも動き続けます。

　なお、一般に、気体の分子は小さすぎるので見えません。液体や固体はたくさんの分子が集まっているので見ることができます。

※無風状態でも、拡散する。

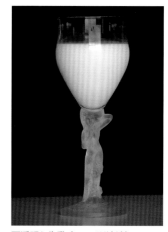

不透明な牛乳（コロイド溶液）
牛乳の粒は動き回る（沈殿しない）が、砂糖分子より1000倍大きいので不透明。このような巨大粒子を含む溶液をコロイド溶液という。墨汁、石鹸水など。

〔 **生徒の感想** 〕

・「先生、おならを液体窒素で冷やすと、液体のおならができるのですか？」「はい、できます」

4 水溶液の濃度

「濃度は難しい」と感じる主な原因は「％は単位ではないこと」、「小学生レベルの算数を難しく感じてしまうこと」です。

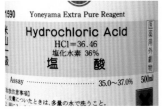

塩酸のラベル

ラベルを見ると、塩化水素36％、水64％であることがわかる。

数学：割合を考える線分図

10本の花束がある。赤3本は何％？
赤3本 | 白7本
赤÷全体＝3本÷10本
＝0.3（単位なし）
＝30％　　これが割合！

3つの濃度

(1) 質量パーセント濃度
溶質の質量÷全体の質量
単位：wt％、w／w％

(2) 体積パーセント濃度
溶質の体積÷全体の体積
単位：vol％、v／v％

(3) モル濃度 (p.101)
1Lに含まれる物質量（mol）
単位：mol／L

※一般にいう濃度は **(1)**。

99.5 vol％以上を含有

無水エタノールの表示（体積％濃度）

数学：小数点と四捨五入

12.3456を小数点第2位で四捨五入するといくつになるか。小数点は「.」、小数点第2位は小数点から2番目の数なので「4」。したがって、「4」を四捨五入すると消えるので、答えは「12.3」になる。つまり、小数点第1位まで答える。小数点第3位以下の「56」は関係ない。

生徒の感想

・濃度のこと、初めて知った！

■ 小学生の算数の問題4つ（おさらい）

（1）　９５　＋５＝
（2）　１００＋５＝
（3）　５÷１００＝
（4）　５÷１０５＝

答え

（1）	100	※理科はどこまで
（2）	105	数値で示すかが
（3）	0.05	大切。
（4）	0.0476	分数は×。

■ 中学1年生の濃度の問題

次の（A）、（B）のうち、5％の食塩水はどちらですか？

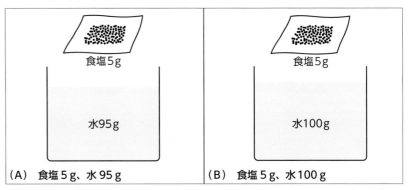

（A）　食塩5g、水95g　　（B）　食塩5g、水100g

※問題を考えるためのヒント：100円の1％は1円、15％は15円です。さて、上の問題の食塩はいずれも5gですが、食塩水は＿＿＿gです。

■ 濃度を求める公式と正解

$$濃　度 = \frac{溶質の質量（g）}{全体の質量（g）} \times 100（\%）$$

※濃度は質量の割合なので、質量パーセント濃度ともいう（欄外）。

正解は（A）です。考えるポイントは、水溶液全体の量です。（A）は100g（5g＋95g）、（B）は105g（5g＋100g）になります。全体の量をおさえれば、あとは算数の力で求められます。

（A）の濃度＝食塩÷全体	（B）の濃度＝食塩÷全体
＝5÷（5＋95）	＝5÷（5＋100）
＝5÷100	＝5÷105
＝0.05	＝0.0476
＝ 5 ％	＝4.76％

■ 10倍ずつ希釈してみよう！

①：食紅 0.3g を測る。　②：水 2.7g（2.7mL）を測り、①と混ぜて 10％水溶液をつくる。
③：試験管を並べ、水9滴ずつを入れる。9滴に1滴入れると 1/10 に希釈される。

④：③の操作をくり返したもの。左から順に、0.000 000 1％、0.000 001%、0.000
01%、0.000 1%（1ppm）、0.001%、0.01%、0.1%（1 ‰）、1%、10%。

準　備

- 食紅
- 水
- 電子てんびん
- 駒込ピペット、試験管

駒込ピペットの使い方

写真②のように、手のひら全体で包むように「ゴム球」を持ち、親指を使って操作する。

% と‰とppm

百分率 (%)	・2つの数量の割合を 100 倍したもの
千分率 (‰)	・2つの数量の割合を 1 000 倍したもの
百万分率 (ppm)	・2つの数量の割合を 1 000 000 倍したもの

■ 濃度は、単位をもっていない

　% は百分率という割合、を表わす記号です。g は質量の単位ですが、食塩水の濃度を計算する場合、食塩（g）を水溶液（g）で割ると、(g)÷(g)で単位が消え、数だけになります。その数は小さいので100 倍し、%という記号をつけます。%は、ある数を 100 倍したよ！という記号です。

%は、「0」を2つ与える

$$1 \quad = 100\%$$
$$0.5 \quad = 50\%$$
$$0.59 \quad = 59\%$$

■ 物質量の単位：モル (mol)

　分子はとても小さいので、その数をかぞえられません。そこで、ある数をまとめた単位、mol を決めました。1mol には、602 000 000 000 000 000 000 000 個の分子（あるいは、小さな粒子）が含まれています。水分子の場合、1mol の質量は 18g、水素分子は 2g です。その中に、それぞれ 6.02×10^{23} 個の分子があります。

アボガドロ数 (p.39)

6.02×10^{23} をアボガドロ数という。

おまけの問題と答え

問題：はちみつを5倍に薄めたい。原液 20mL なら、水は何 mL ？
答え：80mL

濃度の問題：次の水溶液の濃度を暗算で求めよ
（1）　食塩 9g、水 91g
（2）　食塩 20g、水 180g
（3）　20%の食塩水 50g に、水 50g を加える
（4）　10%の食塩水 50g に、10%の食塩水 50g を加える
（5）　10%の食塩水 50g に、食塩 5g、水 45g を加える

濃度の問題 (暗算) の答え

(1) 9%　(2) 10%　(3) 10%
(4) 10%　(5) 10%

5 石灰水をつくろう

石灰水（水酸化カルシウム $Ca(OH)_2$ 水溶液）は、食品の袋に入っている乾燥剤（生石灰、CaO）を水に溶かしてもつくれます。ペットボトルで半永久的に保存でき、いろいろな実験に使えるので、実験好きの人は、一家に1本備えましょう。

■ 石灰水をつくる手順

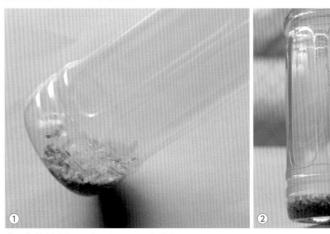

①：乾燥剤（生石灰）、または、水酸化カルシウムをペットボトルに入れる。水を加え、栓をして振る。　②：24時間放置すれば、できあがり（透明な上澄み液が石灰水）。

いろいろな食料品の乾燥剤
成分表示を見て、生石灰（CaO）のものを探す。乾燥剤「シリカゲル」は使えない。

■ 水酸化カルシウムの溶解度

ある物質が水100gに溶ける限界量（g）を「溶解度」といいます。すべての物質は固有の溶解度をもちますが、$Ca(OH)_2$ は20℃の水100gに対して0.17gです(p.110)。スプーン1杯でも多過ぎますが、たくさん入れておけば、水を追加するだけで完成です。

石灰水の性質

無色透明	二酸化炭素を加える →	白

■ 乾燥剤（酸化カルシウム CaO）から石灰水をつくるときの反応式

次の2つの変化が連続して起こり、石灰水ができます。

ステップ1　酸化カルシウムと水の化合（発熱反応）

$$CaO + H_2O \xrightarrow[溶解]{水に溶かす} Ca(OH)_2 + 熱$$
酸化カルシウム　　　　　　　　　　　　　　水酸化カルシウム

※乾燥剤＝発熱するほど水と化合しやすい物質、と考えることもできる。

ステップ2　水酸化カルシウムの電離（p.113）

$$Ca(OH)_2 \xrightarrow[電離]{水に溶かす} Ca^{2+} + 2OH^-$$
水酸化カルシウム

なお、ほとんどの物質は温かいほどよく溶けますが、$Ca(OH)_2$ は逆に溶解度が下がる、という珍しい特性をもっています（p.110）。

■ 呼気に含まれる二酸化炭素を確かめる実験

　石灰水ができたら、息を吹き込んでみましょう。苦しい、もうダメだ…！　とがまんするほど二酸化炭素が増え、一気に白く濁ります。

①、②：石灰水に息を吹き込むと、やがて白く濁る。　③：さらに吹き込み続けると無色に戻る。それ以降は変化しない。

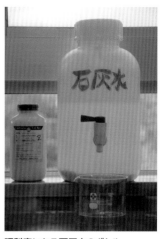

理科室にある石灰水のボトル
ボトルの底に、水酸化カルシウムが沈殿している。保存は、空気中の二酸化炭素と反応しないように密栓する。

■ 白い沈殿ができ、それが消える化学反応式

　白く濁るのは、白い沈殿物「炭酸カルシウム」ができるからです。チョークや貝殻、石灰水の表面にできる白い膜も同じです（写真②）。

$$Ca(OH)_2 + CO_2 \xrightarrow[\text{組みかえ}]{\text{混ぜる}} CaCO_3 + H_2O$$

水酸化カルシウム　二酸化炭素　　　　　　　　炭酸カルシウム　　水
　　　　　　　　　　　　　　　　　　　　　（白い沈殿）

　さらに CO_2 を加え続けると、炭酸カルシウムは水に溶ける炭酸水素カルシウムになり、水溶液は無色透明になります（写真③）。

$$CaCO_3 + CO_2 + H_2O \xrightarrow[\text{組みかえ}]{\text{さらに混ぜる}} Ca(HCO_3)_2$$

炭酸カルシウム　二酸化炭素　　水　　　　　　　　　炭酸水素カルシウム
（白い沈殿）　　　　　　　　　　　　　　　　　　　（水に溶ける p.103 欄外）

運動場にある石灰倉庫と石灰
運動場に引く白い線の主成分は、炭酸カルシウム（白い沈殿物と同じ物質）。

■ 空気中に放置した石灰水

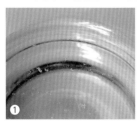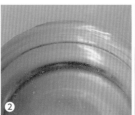

①〜③：石灰水を放置すると、空気中の CO_2 と反応して炭酸カルシウムの膜ができる。

炭酸水素カルシウムの電離

$$Ca(HCO_3)_2 \xrightarrow[\text{電　離}]{\text{水に溶ける}}$$

炭酸水素カルシウム

$$Ca^{2+} + 2HCO_3^-$$

カルシウムイオン　　炭酸水素イオン
（無色透明）　　　　（無色透明）

※電離は p.113 で学ぶ。

第6章

6 最高に濃い食塩水をつくろう

食塩は、水 100g（20℃）に 35.8g 溶けます。最高に濃い食塩水をつくり、1滴なめてみましょう。海水より 10 倍濃い辛さの体験です。

準 備

- 食塩（塩化ナトリウム）　36g
- 水　　　　　　　　　　100g
- ペットボトル

丸底フラスコに大量の食塩を入れ、全力でシャッフルする生徒

後ろは順番待ちの生徒。

食塩水の味を確かめる筆者

辛さを体験するときは先生の指示にしたがうこと。なお、食塩水をシャーレに入れて放置すると、水が蒸発して食塩が再結晶する（p.106）。

飽和食塩水の濃度＝26％

濃度 ＝ 食塩 ÷ 全体
＝ 36 ÷（36 ＋ 100）
＝ 36 ÷ 136
＝ 0.26
＝ <u>26％</u>

※濃度 100％ の食塩水は存在しないが食塩 100％は存在する（食塩そのもの）。

■ 飽和（最高に濃い）水溶液のつくり方

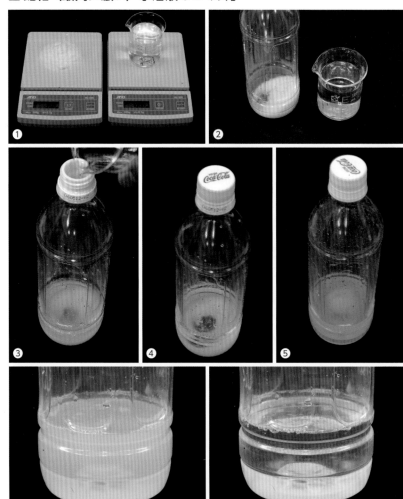

①、②：食塩 36g、水 100ｇをはかる（正確な量は p.110）。　③〜⑤：ペットボトルに入れて3分間ふり、5分〜 24 時間放置する。　⑥：混ぜた直後。　⑦：5分ほどで空気の泡が抜け、無色透明になる。

■ 限界に達している状態＝飽和

食塩を大量に入れると限界をこえ、底に残ることがあります。その上澄み液は、飽和水溶液といいます。飽和は溶けるのに飽きた、と考えてもよいでしょう。なお、飽和＝濃度 100％ではありません。食塩の場合、飽和水溶液＝26％です（計算式：欄外）。

7 飽和と平衡

水溶液の中では、小さくて見えない粒子が動き回っています。溶け残りの塊も、粒子レベルでは1個溶けたら1個戻る、というように動いています。水溶液と塊で出入りする数が同じなので平衡、といいます。飽和＝平衡、と考えることもできます。

化学平衡を表す記号 $\rightleftharpoons$

順反応と逆反応の速さがつり合っている反応式は、$\rightleftharpoons$ の記号で表す。

食塩の結晶 $\rightleftharpoons$ 溶けた食塩

■ 食塩の飽和水溶液のモデル

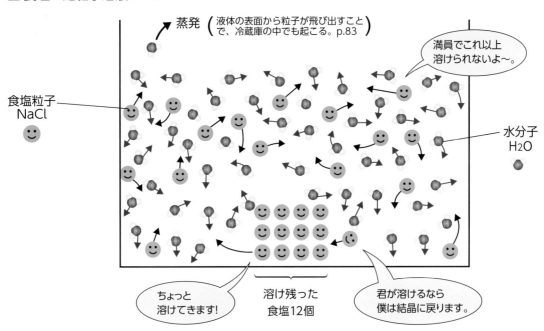

蒸発（液体の表面から粒子が飛び出すことで、冷蔵庫の中でも起こる。p.83）

満員でこれ以上溶けられないよ〜。

食塩粒子 NaCl

水分子 H_2O

ちょっと溶けてきます！

溶け残った食塩12個

君が溶けるなら僕は結晶に戻ります。

※食塩は水に溶けると、ナトリウムイオンと塩化物イオンになる（p.113）が、ここでは食塩粒子として表現した。

生徒の感想

・食卓塩は乾燥剤が入っているので、白く濁った。使いたくない感じ。
・最高に濃い食塩は危険な味。

■ 水酸化バリウムの飽和水溶液のつくり方

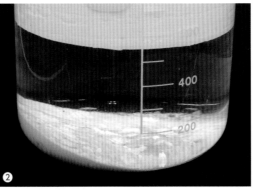

水酸化バリウムを水に溶かす反応式

$$Ba(OH)_2 \xrightarrow[\substack{電\;離\\(p.113)}]{水に溶かす} Ba^{2+} + 2\,OH^-$$

※平衡状態の場合

$$Ba(OH)_2 \rightleftharpoons Ba^{2+} + 2\,OH^-$$

❶：水酸化バリウムを過剰に入れ、数日間放置する。　❷：底には水酸化バリウムが沈殿しているが、動的平衡状態にある。表面は、二酸化炭素と反応してできた炭酸バリウムの白い膜でおおわれる（$Ba(OH)_2 + CO_2 \xrightarrow[原子の組みかえ]{} BaCO_3 + H_2O$）。

8 食塩の結晶をつくる（再結晶）

食塩水を放置すると、食塩の結晶ができます。大きくて形のよい結晶をつくるポイントは、時間をかけることです。忘れた頃にできているのが理想です。食塩の結晶は、無色透明の正六面体です。

準　備

- 食塩
- 水
- シャーレ（コップでも可）

⚠️ **注意** 廃液処理

- 実験でできた廃液の処理は先生の指示にしたがう。

バケツやスコップに再結晶した食塩
ヴェリチカ岩塩鉱博物館（ポーランド）

■ 食塩の結晶のつくり方

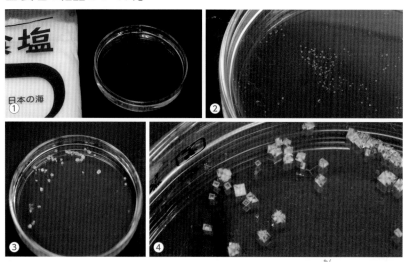

①：食塩の飽和水溶液をつくり、シャーレに入れて放置する。　②：結晶核として食塩をひとつまみ入れたが、数時間後に溶解した（①は飽和水溶液ではなかった）。　③：36時間後の様子。　④：③の部分拡大。正六面体の結晶が見られる。

■ 硫酸銅の溶解と再結晶

モニターに映した硫酸銅の結晶
授業の始まりにカメラをセットすれば、結晶の成長を見ながら学習できる。

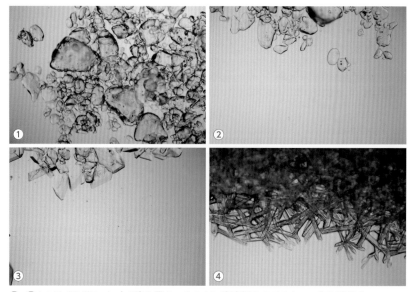

①、②：スライドガラスに水1滴を置き、その上に硫酸銅をのせると、一気に溶ける。
③、④：水分が蒸発すると、美しい構造をもつ固体として再結晶する。

■ スライドガラス上で自然乾燥させた食塩水

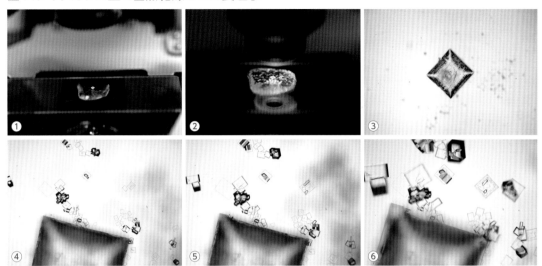

①：スライドガラスの上で自然乾燥させる。　②、③：1 時間後、肉眼で確認。　④〜⑥：さらに 1 時間かけて成長した食塩の結晶。　⑦：14 時間後。

3 日間放置したもの

ルーペで観察する生徒

■ 再結晶で溶質（固体）を取り出す

　水溶液から溶質（固体）を取り出す方法の 1 つに再結晶があります。再結晶は、さらに 2 つの方法に細分されます。

水を取り除く	水温を変える
・放置し、水を蒸発させる ・加熱し、水を気化させる	・溶質の溶解度を利用する（p.108）

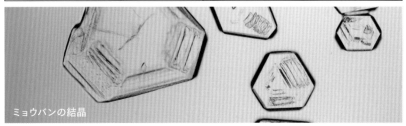

ミョウバンの結晶

生徒の感想

・なかなかできないと油断してたら、知らない間に結晶ができていた。顕微鏡で見ると美しい正六面体だったが、もっと大きな結晶をつくりたい。

第 6 章

9 硝酸カリウムの再結晶（溶解度）

溶質を取り出すもう1つの方法は、温度による溶け方（溶解度 p.110）の違いを利用するものです。この実験では変化が大きい硝酸カリウムを使います。

準　備

- 硝酸カリウム
- ガスバーナー
- 温度計
- ろうと、ろ紙

⚠ **注意** 爆発、火傷

- 硝酸カリウムは、不純物と一緒に加熱すると爆発する危険がある。きれいなビーカーと水を使うこと。

硝酸カリウム (KNO₃)
温度によって溶ける量が大きく変わる。水100gの場合、10℃で20.9g、80℃で169g溶ける (p.110)。

中和反応 (p.122) で KNO₃ をつくる

$$HNO_3 + KOH \xrightarrow{中\ 和} KNO_3 + H_2O$$

再結晶する質量 (g) の求め方
p.111 参照。

■ 温度を下げ、再結晶させる実験

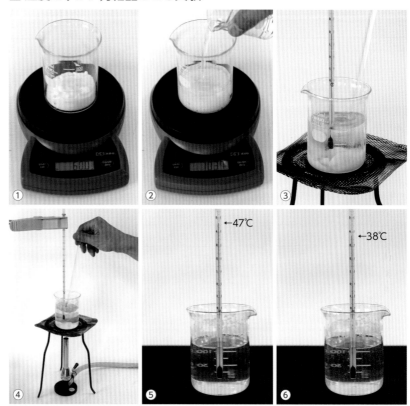

①、②：硝酸カリウム60gに、水100gを加える（通常は、水に物質を加える）。　③：ガラス棒でよくかき混ぜる。→すべて溶けない（水温19.5℃）　④、⑤：弱火で加熱し、すべて溶けたら火から外す（47℃）。　⑥：しばらくしても、再結晶は見られない（38℃）。

⑦：12時間後、再結晶が見られた（30℃）。　⑧：写真⑦を上から見たもの。　⑨：さらに再結晶させるため、ビーカーを二重にして氷水で冷やす（右ページ⑩〜⑮）。

氷水で急冷させたときの変化

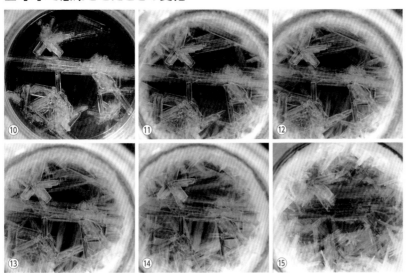

⑩〜⑮：氷水を使うと、一気に結晶ができた。しかし、12 時間かけてゆっくり結晶させた もの（⑧）と比較すると、形が悪い。

結晶とは何か

いくつかの平面からできた規則正しい 立体（固体）。固有の色、密度をもつ。 食塩、ミョウバン、ホタル石など多種多 様。イオン結合の固体。
※分子の結晶は p.39

ホタル石（フローライト）
主成分は CaF_2（フッ化カルシウム）。イ オン結晶。加熱すると発光するのでホタ ル石という。不純物で色を帯びる。

ろ過によって、結晶（固体）を分離する方法

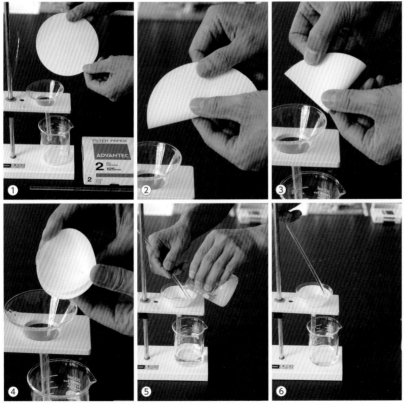

①〜③：ろ過セットを用意し、ろ紙を4つ折りにする。　④：ろ紙を1重と3重になるように 開き、ろうとに置く。　⑤：ガラス棒を使ってろ液を注ぐ。棒は短く持ち、ろ液はできるだ けろうとに近づけて注ぐ。　⑥：ガラス棒を長く持つと、こぼしやすい。

2つの物質が溶けている水溶液から、 物質を取り分ける方法

（食塩と硝酸カリウムの場合）まず、温 度変化とろ過で硝酸カリウムを取り出す （食塩はほぼ水に溶けたまま）。さらに、 水の蒸発を組み合わせる。

生徒の感想

・食塩と同じで、ゆっくり結晶させ たほうが、かっこいいものができ る。

第 6 章

10 溶解度曲線

　ある物質が水100gに溶ける量を溶解度といいます。溶解度は温度によって変わるので、それをグラフ化したものを溶解度曲線といいます。ほとんどの物質は、高温になるほどよく溶けます。

溶解度を調べた物質

■ 温度による溶解度（g）の変化

物質＼温度	0℃	10℃	20℃	30℃	40℃	50℃	60℃	80℃
砂　糖	179		204		238		287	362
食　塩	35.7	35.7	35.8	36.1	36.3	36.7	37.1	38.0
硫酸銅	14.0		20.2		28.7		39.9	56.0
硝酸カリウム	13.3	20.9	31.6	45.8	63.9	85.5	109	169
水酸化バリウム	1.68	2.48	3.89	5.59	8.23	13.1	21.0	
水酸化カルシウム	0.19	0.18	0.17	0.16	0.14	0.13	0.12	0.11

水に対する気体の溶解度
気体の溶解度も温度によって変化する。固体とは逆に、高温になるほど溶けなくなるが、中学では温度を問題にしない（p.37）。また、圧力によっても大きく変化する（高気圧＝たくさん溶ける）。

水に対する液体の溶解度
油のように水に溶けない液体、エタノールのように溶ける液体があるが、中学では液体どうしの溶解度は考えなくてよい。

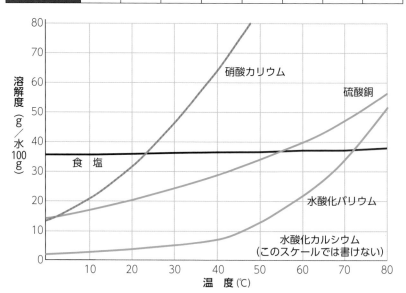

数学：濃度を考える線分図

100gの食塩水がある。食塩20gなら濃度は何％？

塩 20g	水 80g

濃度 ＝ 食塩 ÷ 全体
　　 ＝ 20g ÷ 100g
　　 ＝ 0.2（単位消失）
　　 ＝ 20%

生徒の感想
・砂糖は怖いほどよく溶ける。
・お菓子に大量の砂糖が入っていることがよくわかった。
・僕の頭は飽和状態、もう限界！

■ 砂糖は、水100gに204g溶ける（20℃）
　下の2つを混ぜると、無色透明の砂糖水304gができます。

水100gと砂糖204g。濃度＝砂糖÷全体＝204g÷304g＝0.67＝67%

■ 水温によって溶ける量が変わる理由

　物質は温度が高いほど、活発に動きます。よく運動する＝たくさん溶ける、運動できない＝固体（結晶）、とイメージしてみましょう。

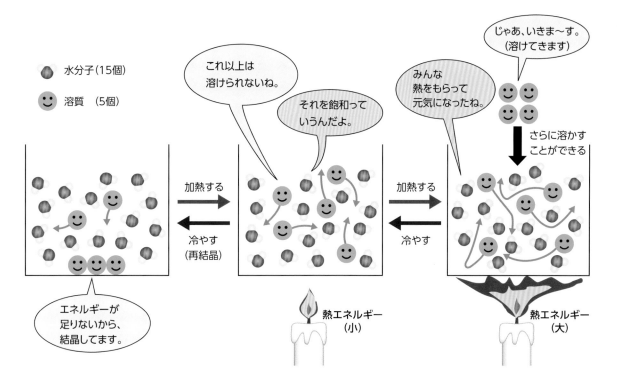

■ 再結晶する量（g）の求め方

　水 100g（50℃）に硝酸カリウム <u>60g</u> を溶かしたものを例にして、再結晶の量を求めます。水温を 20℃に下げた場合は、溶解度が<u>31.6g</u>になるので、再結晶する量は **28.4g**（<u>60g－31.6g</u>）です。

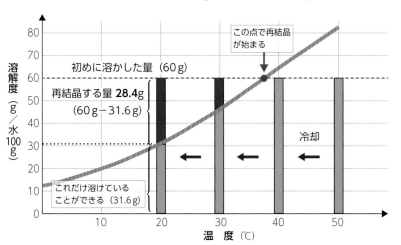

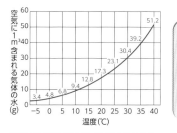

空気中に存在できる水蒸気の量（g）
空気中に存在できる水（水蒸気）の量も、温度によって変化する。限界に達したときの温度を露点といい、そのときの湿度は100％になる。上は、飽和水蒸気量曲線（詳細はシリーズ書籍『中学理科の地学』の気象で学ぶ）。

※再結晶したときの水溶液は飽和しているが、その濃度は100％ではない。
　飽和水溶液の濃度（20℃）＝ 28.4g ÷ 128.4g ＝ 0.22 ＝ <u>22</u> **％**（p.100 参照）。

<h1>第7章　イオン</h1>

　イオンは、電気を帯びた原子（または、原子の集まり）です。イオンはよくある粒子で、とくに水溶液中にあふれています。イオンを理解する鍵は、−の電気を帯びた電子⚊です。電子をもらうと−の陰イオン、失うと＋の陽イオンになります。

　　　準　備

・食塩、精製水（純水）
・電源、電極、リード線
※水道水は、不純物を含むので電流を流す。実験には精製水を使うこと。

普通教室での実験授業
①：授業で大げさに演示する筆者（ビーカーに大量の食塩を入れ、高い位置から水を注ぐとモーターが回り始め、歓声が上がる）　②：食塩水の電気伝導性を説明する生徒。

　イオンとは何か？
YouTube チャンネル
『中学理科の Mr.Taka』

　生徒の感想

・水は電流を流すと思っていたけれど、流さなかった。洗濯機の感電は、電気が外箱に漏れた漏電。

<h1>1 食塩と水は、電流を流すか</h1>

　イオンと電流は、とても深い関係にあります。次の実験は、授業で1番初めに行う単純なものですが、明快かつ意外な結果から、イオンと電流について考えることができる実験です。電流を流さない2つの物質、食塩と水を混ぜるとどうなるでしょう。

■ 電流の流れ方を調べる実験とその結果

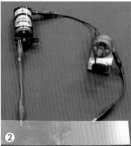

プロペラが回る

①、②：銅板を使った電気回路を組み、モーターが回ることを確認する。　③、④：水、食塩に電流が流れるか調べる（流れない）。　⑤：食塩に水を注ぐ（流れる）。

食　塩	＋	水	──混ぜる──▶	食塩水
（流さない）		（流さない）		（流す）

2 食塩水のモデル（電離）

　食塩水が電流を流すことから、水中に電気を帯びた粒子ができることが推測できます。食塩は単純にばらばらになるのではなく、電気を帯びた原子、Na$^+$ と Cl$^-$ になります。

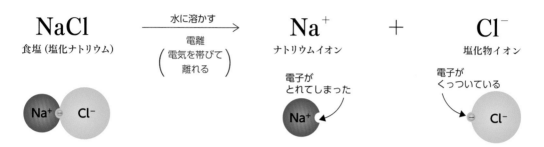

　Na$^+$ や Cl$^-$ のように、電気を帯びた原子をイオンといいます。電流が流れるのは、イオンが動くからです。

次の式は電離とは違う！

※これでは電流を流さない。

■ 物質の分類（水に溶かしたとき、電流を流すか）

　水に溶かしたとき、陽イオンと陰イオンになる物質を電解質といい、イオンに分かれることを電離といいます。逆に、水に溶けてもイオンにならない物質を非電解質といいます。

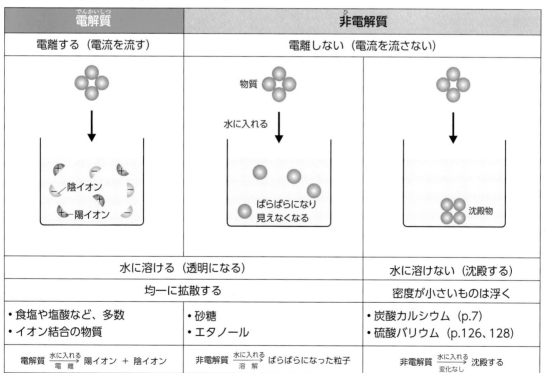

※＋の電気を帯びた原子を＋イオンとはいわない。陽イオンという。同様に、－イオンとはいわず陰イオンという。

3 イオンを含む水を探せ！

いろいろな水溶液に電圧をかけてみましょう。イオンがあれば電流が流れます。同時に、水溶液の酸性・アルカリ性も調べてみましょう。味とイオンには、ある関係があります。

電流計で調べる
電流計を使えば、電気伝導性の大きさもわかる。読み方は p.128 欄外。

胡麻を調べる様子
この後、皮をとり油をしぼって調べる。

■ イオンを含む水を探す実験

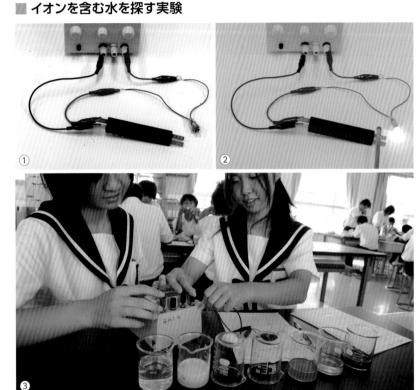

①、②：装置の通電チェックをする。　③：純物質、持参した混合物（左からポカリスエット、マヨネーズ、ケチャップ、タバスコ、酢、しょう油）を調べる。

■ 実験結果

下表のように、電流を流さないものは砂糖とエタノールでした。これらは水に溶かすと中性になる純物質です。

試　料（水溶液）		電気の伝導性	酸性・アルカリ性
・塩酸、硫酸、酢酸	純物質	○	酸　性
・食塩、硫酸銅、塩化銅		○	中　性
・砂糖、エタノール		×	中　性
・NaOH、Ba(OH)₂、石灰水		○	アルカリ性
・アンモニア水		○	アルカリ性
・レモン、桃など多くの果実	混合物	○	酸　性
・しょう油、ほとんどの食品		△	中　性
・こんにゃく、洗剤		○	アルカリ性

■ 持参した物質、水溶液の pH を測定する方法

　水溶液は、万能リトマス紙で簡単に酸とアルカリに分けられます。結果は、pHで数値化することもできます（p.123）。

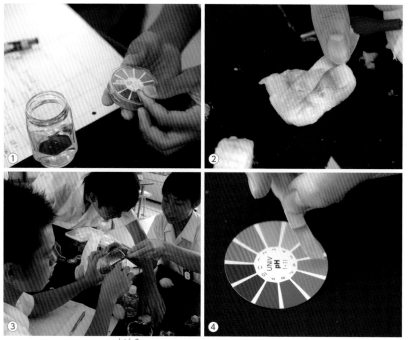

結果をまとめる生徒
記憶が新しいうちに、工夫したこと、発見や疑問を記録する。

①：万能リトマス試験紙に 食酢をつけ、見本の色を比較する。　②：試験紙をバナナに押しつけて調べる。　③、④：試験紙は、乾かないうちに素早く比較する。

■ 紫キャベツ液で pH を調べる方法

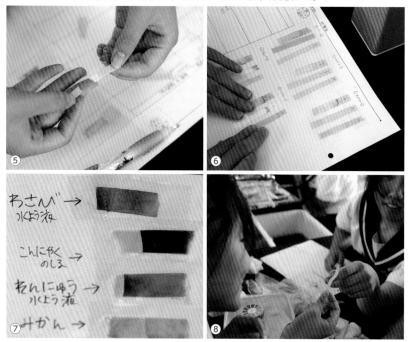

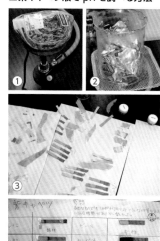

⑤、⑥：乾くと色は変わるが、プリントに貼れば記憶が残る。　⑦：こんにゃくは、比較的強いアルカリ性を示した。この結果は、こんにゃくの化学電池が大きな電流を発生したこととつながる（p.132）。　⑧：緑色の絵の具を調べる生徒。

①、②：紫キャベツをちぎり、水を少量加えて煮る。煮汁にろ紙を浸せば、紫キャベツ試験紙の完成！　③、④：試験紙を使って、いろいろな水溶液を調べる。

4 いろいろなイオン

中学で覚えたいイオンに関する原子

　貴ガス（p.20）以外の原子はすべてイオンになります。その電気量は下表のように規則的で、表の縦（族）は同じ、横（周期）は左から順に1＋、2＋、3＋、4±、3－、2－、1－、0になります。また、複数の原子が集団でイオンになるもの6つを覚えてください。中学生はこれで完璧です。

■ 原子がイオンになるときの周期性

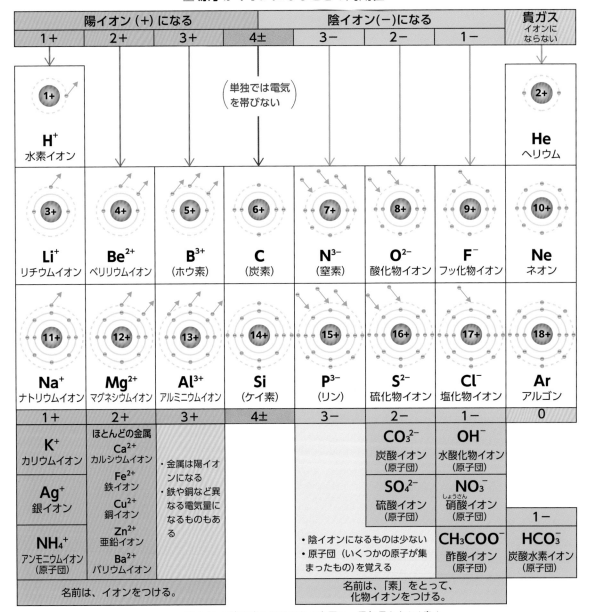

※イオンの書き方：原子記号の右肩に、電気量を小さく書く。

5　イオンの内部構造

　イオンになっても、原子核は変わりません。中心が変われば、違う物質になってしまいます。＋になるのは電子⊖を放出するからであり、−になるのは電子⊖をもらうからです。

陽イオンになる方法	陰イオンになる方法
電子⊖を放出する	電子⊖をもらう

■ 塩化ナトリウム（食塩）の電子のやりとり

　p.113 のナトリウムイオンのへこみ、塩化物イオンの突起の原因は、電子⊖です。それは、一般家庭で使われている電流、雷、静電気と同じです。すべての物質をつくる原子、この紙にもある電子です。

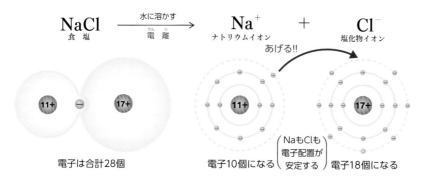

NaCl　食塩 　→（水に溶かす／電離）→ 　Na⁺ ナトリウムイオン　あげる!!　 ＋ 　Cl⁻ 塩化物イオン

電子は合計28個　　　電子10個になる　（NaもClも電子配置が安定する）　電子18個になる

■ 電子は安定した配置を求める

　電子⊖は、原子核との電気的バランスよりも、飛行するときの安定性を求めます。その理想型は貴ガス（ヘリウム、ネオン、アルゴンなど）です。一番外側の軌道をまわる、最外殻電子の数が8個（2個）になるように、電子⊖が出入りします（オクテット則 p.19）。

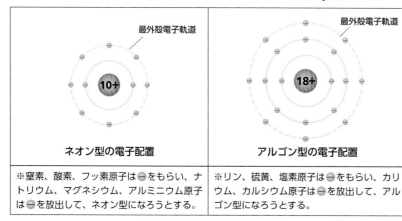

ネオン型の電子配置　　　アルゴン型の電子配置

※窒素、酸素、フッ素原子は⊖をもらい、ナトリウム、マグネシウム、アルミニウム原子は⊖を放出して、ネオン型になろうとする。	※リン、硫黄、塩素原子は⊖をもらい、カリウム、カルシウム原子は⊖を放出して、アルゴン型になろうとする。

共有結合するための腕の数
p.116 の表は出入りする電子の数を示す。この数は、分子をつくる共有結合（p.31）のための腕の数でもある。写真の窒素分子 N_2 は3本。

イオンのモデル図
p.116 ～ 118 の図は、他ページの表現方法と違う。例えば、ナトリウムイオン Na^+ は次の通り。

Na⁺　電子⊖を放出したい（p.116～118）

Na⁺　←　電子⊖が足りない（他のページ）

※いずれも、陽イオンを示す

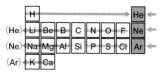

周期表でみた、安定を求める原子
それぞれの原子は、貴ガスに向かって、矢印の方向に電子のやりとりを行う。

生徒の感想
・原子核は原子の中心だから変わらない。
・電子は、自分勝手に数を合わせる。まるで僕みたい。

6 イオン結合の物質

　＋や－の電気を帯びた原子「イオン」は、互いに電気の力で引き合います。プラスチックの下敷きで髪を擦ったときにはたらく静電気と同じようなものです。この電気的なイオンどうしの結合を、イオン結合といいます。

イオン結合する金属と非金属の位置

第17族元素（ハロゲン）
上の周期表で右から2列目の第17族元素をハロゲンという。ハロゲンは「塩をつくるもの」という意味で、第1族や第2族と結合して典型的な塩をつくる。

原子の組み合わせ（イオン結合）
金属原子は陽イオン、非金属原子は陰イオン。したがって、イオン結合は、必ず、金属＋非金属。

電気的な力で引き合う
白いビニール紐は－、指は＋に帯電している。静電気がおきる原因は、物質を構成する電子●の移動。いろいろな物質の帯電のしやすさ（帯電列）の詳細はシリーズ書籍『中学理科の物理学』。

電子配置が不安定な2つの原子
（金属原子と非金属原子の出会い）

電子配置を安定させた原子どうし
（イオンになり、電気的に結合）

■ 計算で求められる原子の組み合わせ

　イオン結合してできた物質の電気量は0です。これを逆に考えれば、イオン結合からできた化合物の原子の割合は、簡単な計算で求められます。p.116の表を参考に、次の例を見てください。

物　質		＋の電気量	－の電気量
塩化ナトリウム（食塩）	Na Cl	Na^+	Cl^-
塩化水素（p.121）	H Cl	H^+	Cl^-
塩化マグネシウム（欄外）	Mg Cl₂	Mg^{2+}	$Cl^- \times 2 = 2-$
炭酸カルシウム（p.7）	Ca CO₃	Ca^{2+}	$CO_3{}^{2-}$（原子団）
硫酸（p.97、p.126）	H₂ SO₄	$H^+ \times 2 = 2+$	$SO_4{}^{2-}$（原子団）
炭酸水素ナトリウム（p.69）	Na HCO₃	Na^+	$HCO_3{}^-$（原子団）
塩化アンモニウム（p.45）	NH₄ Cl	$NH_4{}^+$（原子団）	Cl^-

塩化マグネシウム（MgCl₂）
学校の運動場や雪道にまいて固めたり、凍結を防いだりする。化学工場で安価に製造できる塩（p.122）の1つ。

■ イオン結晶の特徴

　イオンどうしの結合力は強いものが多く、かたい結晶をつくります。その半面、もろく壊れることがあります。

■ 結晶をつくるイオンと組成式

陽イオンと陰イオンは、1対1で結びつくのではなく、連続して無数に結合することで大きな結晶をつくります。これは共有結合でできる分子（p.31）との大きな違いです。さて、その結合方法はいくつかありますが、次に、代表的なものを2つ紹介します。

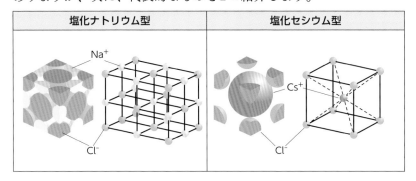

塩化ナトリウム型	塩化セシウム型

イオン結合の物質の化学式は、組成式といいます。組成とは、連続結合して結晶をつくる物質を構成する原子の割合です。逆に考えると、化学式を見れば、原子の割合（組成、比）がわかります。

■ 硫酸銅（$CuSO_4$）の結晶が成長する様子

①～⑥：硫酸銅の結晶構造は、三斜晶 という。実験・観察方法は p.106。

化学式（分子式、組成式、構造式）

元素の記号を使って、ある物質を表したものを化学式という。とくに、分子を表すときは分子式（H_2O、NH_3 など）、イオン結晶の物質を表すときは組成式（$NaCl$、$Ba(OH)_2$ など）という。この他、原子どうしの結合構造を示すための構造式もある。

イオン式とは

元素記号の右肩に、小さな＋や－の記号と電気量を書きそえたもの。例えば、水素イオンは H^+、水酸化物イオンは OH^-（p.116）。

水分を飛ばして結晶をつくる生徒

時間をかけると形のよい大きな結晶ができるが、授業は時間がないので弱火を使う。

スライドガラス上の硫酸銅

青く美しい結晶を簡単につくることができる。

7 イオンの電気を確かめる

酸とアルカリの水溶液は、必ず電流を流します。酸はH^+、アルカリはOH^-を含むからです。これを確かめるために万能リトマス紙を使い、電流を流してみましょう。

準　備

- 塩酸、水酸化ナトリウム水溶液
- 万能リトマス紙
- スライドガラス、クリップ
- ろ紙、食塩水、電源装置

⚠ 注意　目、皮膚
- 試薬は指導者が調合する。

塩酸（気体が溶けた水）
蓋を開けると、塩化水素が気化する。目や鼻や舌を近づけると、粘膜の水分に溶け込む。危険。

水酸化ナトリウム（固体）
白い顆粒状の固体。時間がたってから皮膚が痛くなったり、衣服に穴が開いていたりする。1粒でも危険。

同時に行うときは並列つなぎ
上の実験はリトマス紙（赤と青）を使用。

■ イオンの＋－を調べる実験の準備

食塩水（中性の電解質水溶液）でろ紙やリトマス紙を湿らせます。

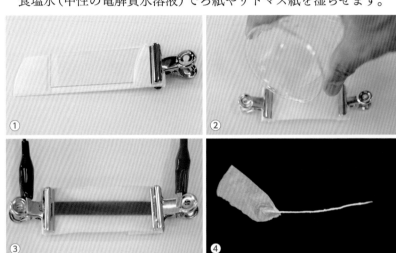

①、②：スライドガラスにろ紙をはさみ、食塩水で湿らせる。　③：万能リトマス紙をセットする。黒が－極、赤が＋極。　④：薄紙でこよりをつくる。

■ 塩酸に電流を流す実験

塩酸にはH^+とCl^-が含まれますが、赤くなるのはどちらかな。

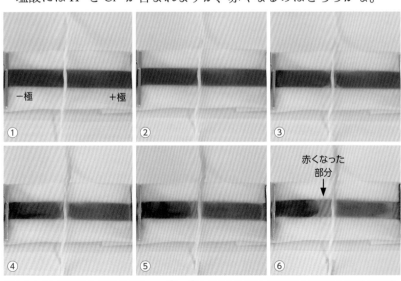

①：こよりに塩酸をしみ込ませる。　②～⑥：こよりをリトマス紙の上に置くと同時に電流を流す。時間とともに－極側が赤くなっていく。

■ 水酸化ナトリウム水溶液に電流を流す実験

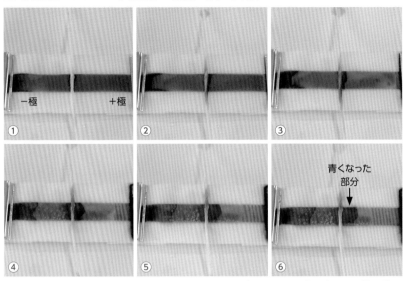

①：水酸化ナトリウム水溶液をしみ込ませたこよりを中央に置き、電流を流す。　②〜⑥：反応が遅いので長時間電流を流すと、＋極側が青くなる。また、水分が蒸発して装置全体に食塩が再結晶する。

■ 実験結果と考察

	− 極	＋ 極
酸　性 （塩 酸）	赤くなった →陽イオン（H^+）がある	変化なし → Cl^- には反応しない
アルカリ性 （水酸化ナトリウム水溶液）	変化なし → Na^+ には反応しない	青くなった →陰イオン（OH^-）がある

※ Na^+ や Cl^- が反応しない理由は、イオン化傾向の大きさから説明できる（p.140）。

■ 塩酸（塩化水素）と水酸化ナトリウムの電離式

　塩化水素と水酸化ナトリウムは、次のように電離します。p.124では、これらを混ぜる中和実験をします。お楽しみに！

$$HCl \xrightarrow[電離]{水に溶かす} H^+ + Cl^-$$

塩化水素　　　　　　　　　水素イオン　　塩化物イオン

電子

$$NaOH \xrightarrow[電離]{水に溶かす} Na^+ + OH^-$$

水酸化ナトリウム　　　　　　ナトリウムイオン　水酸化物イオン

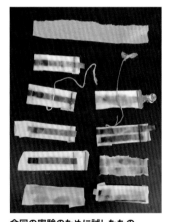

今回の実験のために試したもの
一番下は水道水を使ったもの。リトマス紙の色素が出てしまった。

生徒の感想

・ こよりを初めてつくった。
・ 先生は大変な実験だ、といっていたけれど、簡単だった。
・ 小学校で使ったリトマス紙は酸性が赤、アルカリ性が青になる。万能リトマス紙も同じ。

第7章

121

8 酸とアルカリの中和反応

酸とアルカリを混ぜると、それぞれの性質を打ち消し合います。これを中和反応といいます。1滴でも起こる発熱反応です。

■ 中和反応で水ができるモデル

H^+	$+$	OH^-	$\xrightarrow[中\ 和]{混ぜる}$	H^+ OH^-
水素イオン （酸の正体）		水酸化物イオン （アルカリの正体）		水 （H_2O）

■ 中和反応式の作り方

中和反応では、必ず水と塩（塩ではありません）ができます。例えば、塩酸と水酸化ナトリウムなら、食塩という塩ができます。

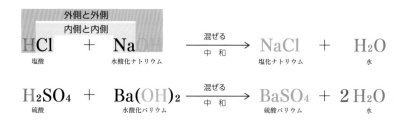

外側と外側
内側と内側

HCl $+$ $NaOH$ $\xrightarrow[中\ 和]{混ぜる}$ $NaCl$ $+$ H_2O
塩酸　　　水酸化ナトリウム　　　　　　塩化ナトリウム　　水

H_2SO_4 $+$ $Ba(OH)_2$ $\xrightarrow[中\ 和]{混ぜる}$ $BaSO_4$ $+$ $2\,H_2O$
硫酸　　　水酸化バリウム　　　　　　硫酸バリウム　　水

① （式の左に）酸とアルカリの化学式を書く
② （式の右に）内側どうし、外側どうしの組み合わせを書く
　　※内側どうし＝塩、外側どうし＝水
③ 式の左右の「原子の数」を合わせて出来上がり！

■ 中和反応からできた塩（イオン結合）

下表は、中和反応でできる主な塩です（原子の割合 p.118）。塩は沈澱物、あるいは、水に溶けた2つのイオンとして存在します。

酸＼アルカリ	Na・OH 水酸化ナトリウム	Ba・(OH)$_2$ 水酸化バリウム	Ca・(OH)$_2$ 水酸化カルシウム
H・Cl 塩酸（塩化物をつくる）	NaCl 塩化ナトリウム（p.125）	BaCl$_2$ 塩化バリウム	CaCl$_2$ 塩化カルシウム
H$_2$・SO$_4$ 硫酸（硫酸塩をつくる）	Na$_2$SO$_4$ 硫酸ナトリウム	BaSO$_4$ 硫酸バリウム（p.126）	CaSO$_4$ 硫酸カルシウム
H・NO$_3$ 硝酸（硝酸塩をつくる）	NaNO$_3$ 硝酸ナトリウム	Ba(NO$_3$)$_2$ 硝酸バリウム	Ca(NO$_3$)$_2$ 硝酸カルシウム
H$_2$・CO$_3$ 炭酸（炭酸塩をつくる）	Na$_2$CO$_3$ 炭酸ナトリウム（p.69）	BaCO$_3$ 炭酸バリウム（p.105）	CaCO$_3$ 炭酸カルシウム（p.7）
CH$_3$COO・H 酢酸（酢酸塩をつくる）	CH$_3$COONa 酢酸ナトリウム	(CH$_3$COO)$_2$Ba 酢酸バリウム	(CH$_3$COO)$_2$Ca 酢酸カルシウム

いろいろな酸
左から酢酸、塩酸、硫酸。いずれも水素イオンを含む危険な水溶液。酸性水溶液は気体が溶けたものが多い。

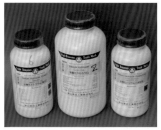

いろいろなアルカリ（固体）
左から水酸化ナトリウム、水酸化カルシウム、水酸化バリウム。水に溶かすとOH^-を生じる固体（電解質）。

■ Mg と反応中の塩酸に、水酸化ナトリウム水溶液を加える実験

　塩酸にマグネシウムを入れると、塩酸に含まれる H^+ が電子⊖をもらい水素になります。しかし、水酸化ナトリウムを加えると、OH^- が H^+ と結合して H^+ がなくなり、水素の発生が止まります。

①：塩酸（BTB で黄色）。　　②：Mg を入れると、水素が発生して濁る。　　③〜⑦：水酸化ナトリウム水溶液（青色）を入れると、発生が少なくなる。　　⑧：中和点を過ぎると、H^+ がなくなり反応が止まる（Mg 表面には水素が付着したまま）。

$$2\,H^+ \quad + \quad 2\,e^- \xrightarrow[電子の移動]{酸に金属を入れる} \quad H_2$$

水素イオン（2個）　　　電子（2個）　　　　　　　　　　　　　水素分子（1個）

■ pH は、水素イオン指数

水溶液の酸性・アルカリ性の度合いの数値で、0 〜 14 で示します。

酸							中 性						アルカリ
0	1	2	3	4	5	6	7	8	9	10	11	12	13	14

塩酸(1%)　胃液　レモン汁　炭酸水　しょう油　　精製水　　海水　石けん水　木灰の水　石灰水　水酸化ナトリウム水溶液(1%)

準　備

・ いろいろな酸、アルカリ
・ Mg リボン、BTB 溶液 (p.124)
・ ビーカー、スポイト
・ ガスバーナー、顕微鏡

⚠ 注意　目、皮膚の損傷
・ 水溶液は指導者が調合する。

いろいろな中和で塩をつくり、その結晶を顕微鏡で調べる授業現場
①：いろいろな酸、アルカリを配る筆者。　②：弱火で水分を飛ばしてから観察する生徒達。

マグネシウムと水素の力比べ
Mg は、水素よりイオンになる力が強い。Mg は塩酸に溶け、水素イオンは水素になる (p.138)。

🗨 生徒の感想
・ 好きな組み合わせができるから楽しい。結晶も見えた。

第7章

9 HCl と NaOH の中和

<ruby>塩酸<rt>塩 酸</rt></ruby> <ruby>水酸化ナトリウム<rt>水酸化ナトリウム</rt></ruby>

　塩酸と水酸化ナトリウム水溶液を中和させると、食塩水になります。完全な中和なら飲んでも大丈夫ですが、危険なので絶対に試してはいけません。それでは、BTB溶液で着色したもので実験しましょう。

準　備

- 塩酸
- 水酸化ナトリウム水溶液
- BTB溶液、駒込ピペット
- ガスバーナー、顕微鏡

⚠ 注意　ガラス飛散、火傷、目の損傷

- スライドガラス上で水を蒸発させるときは余熱を使う。大きな温度差で激しく割れることがある。

実験前の試薬
左から順に塩酸、BTB溶液、水酸化ナトリウム水溶液。

電離式の復習 (p.121)

$$HCl \xrightarrow[\text{電離}]{\text{水に溶かす}} H^+ + \underset{\text{塩化物イオン}}{Cl^-}$$

$$NaOH \xrightarrow[\text{電離}]{\text{水に溶かす}} \underset{\text{ナトリウムイオン}}{Na^+} + OH^-$$

実験の手順

①、②：塩酸 25mL をビーカーにとる。そこに、ピペットで水酸化ナトリウム水溶液を少しずつ加える。　③：中和したら、スライドガラスに 1 滴のせる。

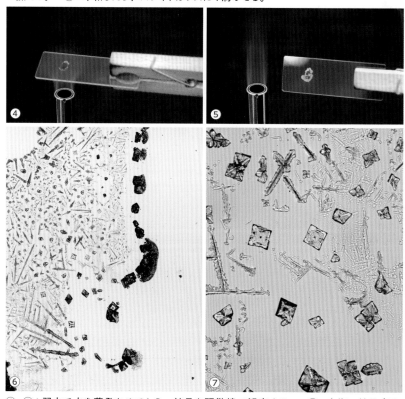

④、⑤：弱火で水を蒸発させてから、結晶を顕微鏡で観察する。　⑥：食塩の結晶（40倍）。　⑦：同（100倍）正六面体構造の結晶が見られる。

生徒の感想

- 中和に近づくと、1滴で色が変わるので手品みたいだった。

■ 塩酸に水酸化ナトリウム水溶液を加えたときの変化

①：識別しやすいように白い紙を敷く。　②、③：HCl（黄）に NaOH（青）を加える。
④：ガラス棒で混ぜる。　⑤：塩酸が足らないように見えても、一瞬青になる。

⑥：⑤をさらに混ぜると、黄色に戻った（中性に近い）。　⑦：1滴加えて混ぜる。
⑧：緑＝中性になった。　⑨：さらに1滴加える（写真のように空気が入ることは良くない）。
⑩：⑨の直後。

⑪〜⑭：混ぜると、緑色に戻る気配はあったが、最終的に青になった。これ以上加えても
変化はないので、終了！

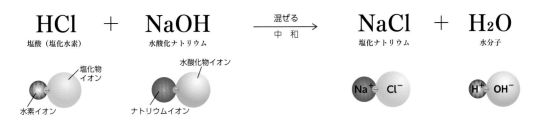

125

10 H₂SO₄ と Ba(OH)₂ の中和

硫酸 水酸化バリウム

10 H_2SO_4 と $Ba(OH)_2$ の中和

硫酸と水酸化バリウム水溶液の中和は、白い沈殿ができます。硫酸バリウムという塩です。はっきりとした沈殿物なので、結合したイオンの量が一目でわかります。

準　備

- 硫酸（20倍以上に薄めたもの）
- 水酸化バリウム（飽和水溶液）
- BTB溶液、試験管、ピペット

⚠ **注意**　目・皮膚の炎症

- 水溶液は指導者が調合する。

後片づけをしっかり

実験終了後は、すべての器具をよく洗う。硫酸は濃縮して濃硫酸になり、水酸化バリウムは空気中の二酸化炭素と反応して炭酸バリウム（BaCO₃）としてガラスに強く付着する。

胃検診を受ける筆者
硫酸バリウムを飲んで、胃内部をX線で撮影する。結果は異常なし。

■ 硫酸と水酸化バリウム水溶液の中和反応

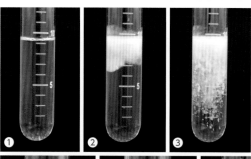

①：硫酸を試験管に入れる。
②、③：水酸化バリウム水溶液を数滴入れ、白い物質ができ、それが沈殿する様子を観察する。

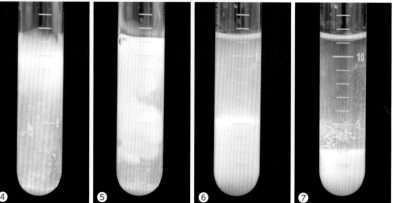

④～⑦：さらに加え、沈殿物を観察する。上澄み液は透明になる。

$$H_2SO_4 \ + \ Ba(OH)_2 \ \xrightarrow[\text{中　和}]{\text{混ぜる}} \ BaSO_4 \ + \ 2\,H_2O$$

硫酸（1個）　　水酸化バリウム（1個）　　　　　　硫酸バリウム（1個）　水分子（2個）
（白い沈殿）

硫酸イオン　　　水酸化物イオン

水素イオン　　　バリウムイオン　　　Ba^{2+}　SO_4^{2-}　　H^+ OH^-　H^+ OH^-

■ ろ過によって沈殿物を分離する様子

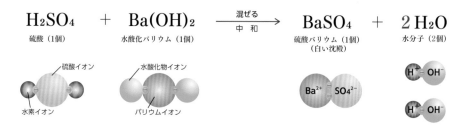

①：BTB溶液で着色した水酸化バリウム水溶液（左）、硫酸（右）。　②：ろ過によって、沈殿物を分離する。　③：分離した塩を添付した生徒の学習プリント。

■ 加える硫酸の量を増やし、沈殿量を調べる実験

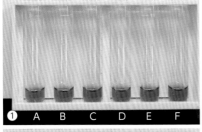
① A B C D E F

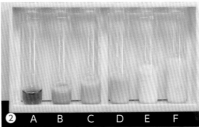
② A B C D E F

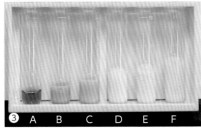
③ A B C D E F

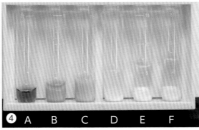
④ A B C D E F

写真⑤、⑥の実験者A君

同じ操作をくり返す実験は、代表者が行い、他は監督または助手になった方が、失敗や誤差が少なくなる。

①：試験管6本に、水酸化バリウム水溶液を2mLずつ入れる。　②：硫酸を1mLずつ増やしながら入れる。　③：よく混ぜてから放置する。写真は5分後。　④：20分後。上部が透明なこと、中和点に近いCとDは沈殿速度が遅いことに注目。

⑤ A B C D E F G H I J K

⑥ A B C D E F G H I J K

⑤：①～④と同じ操作を、試験管11本でA君が行ったもの（欄外）。　⑥：⑤を3時間放置したもの。試験管D、Eの完全な沈殿にはさらに24時間必要。また、試験管A～Eの液面には空気中のCO_2と反応した$BaCO_3$が見られる（p.105）。

■ 実験結果と考察「限定要因」

　写真⑤、⑥では、試験管Fが中性です。AからFまでは沈殿が増えていきますが、中和以降は増えません。これは、初めに入れた水酸化バリウムが2mLだったからです。このように、ある変化を決定する原因になっているものを、限定要因といいます。

生徒の感想

・A君はすごい。硫酸を加えたら、すぐに沈殿物ができた。
・沈殿は沈むのに時間がかかる。

第7章

11 イオンの量を測定しよう

イオンの量は、電流の大きさで調べられます。p.126 の中和実験で、グラフを作ってみましょう。電流の測定値にゼロの点（中和点）ができれば成功です。中和点付近は難しいので、正確に行ってください！

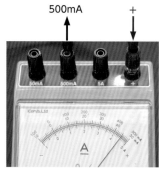
■ 中和によるイオン量の変化を調べる実験

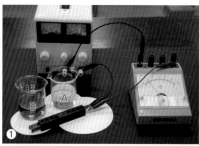

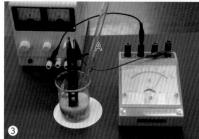

①：硫酸（A）を BTB 溶液で黄色、水酸化バリウム水溶液（B）を青色にする。　②：B に電極を入れ、電流 450mA になるように調節する。　③、④：硫酸 5mL を加え、よく混ぜてから、電流を測る。同じ操作を繰り返し、電流の変化を記録する。

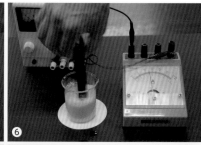

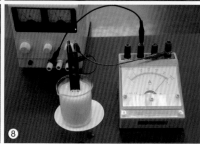

⑤、⑥：中和点に近づいたら、加える量を減らす（1mL、2mL など考えて決める）。電流計の端子を変え、小さな電流を測定する。　⑦：中和点（緑色）を過ぎると、水溶液が黄色になる。　⑧：電流が 50mA を超えたら端子を戻し、初めと同じ 5mL ずつ加える。

■ 実験データからグラフを書く方法、考察

　グラフは直線になりません。しかも、中和点付近は大きく変化します。実験で中和点が求められなくても、電流＝0（ゼロ）の位置を推定し、各点を参考にしてなめらかな曲線を書いてください。測定値は誤差が大きいので、各点をきちんと通す必要はありません。

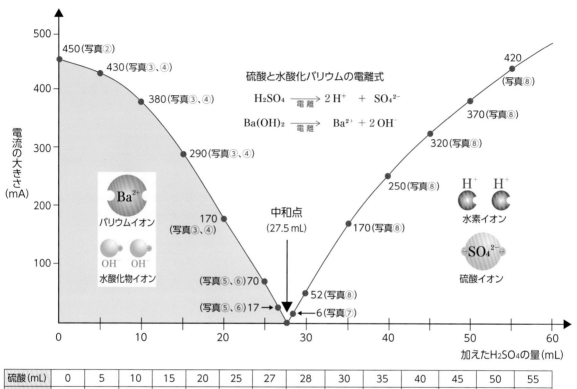

硫酸と水酸化バリウムの電離式

$$H_2SO_4 \xrightarrow{\text{電離}} 2H^+ + SO_4{}^{2-}$$

$$Ba(OH)_2 \xrightarrow{\text{電離}} Ba^{2+} + 2OH^-$$

硫酸 (mL)	0	5	10	15	20	25	27	28	30	35	40	45	50	55
電流 (mA)	450	430	380	290	170	70	17	6	52	170	250	320	370	420
色	OH⁻（水酸化物イオン）							H⁺（水素イオン）						

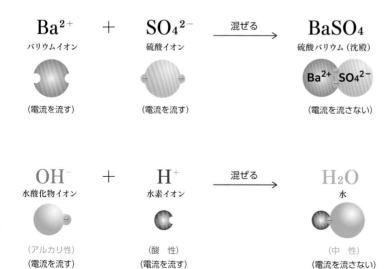

水 (H₂O) のモデル3つ

水のモデルは原子、または、イオンを使って表すことができる。

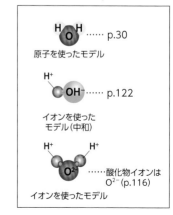

第7章

第**8**章 化学電池と電気分解

　最終章は、身近な材料を使った化学電池、電気分解の実験をします。ポイントは−の電気を帯びた電子●の流れ（電流）です。学習の目標は、イオンや原子をより鮮明なイメージとして捉えることです。

1 食塩水でつくる化学電池

　第7章とは逆に、電流をつくる実験から始めましょう。化学電池づくりです。物質そのものがもっているエネルギーを、化学変化によって電流として取り出してみましょう。

■ 食塩、水、銅、マグネシウムで電流をつくる実験

①：ビーカーに食塩、銅板、マグネシウムをセットする。銅板とモーターをつなぐ（→変化なし）。　②：水を注いで食塩を溶かす（→モーターが回る）。

■ 化学電池の決まりを探そう！

　化学電池は、電解質水溶液（p.113）に2種類の金属を入れるだけで完成です。p.132のように水溶液や金属の種類を変えて実験し、プラス・マイナスの決まりを見つけましょう。

準　備

- 銅板
- マグネシウムリボン
  （アルミホイルを丸めた棒）
- 食塩、モーター

演示実験に使った材料
食塩は水に溶かすと Na$^+$ と Cl$^-$ になる（p.113）。

大きな電流をつくる方法
(1) 金属の面積を大きくする
(2) 電極の間隔をせまくする
(3) 水溶液の濃度を高くする

生徒の感想

・簡単。しかも、モーターが楽々回るほどの電圧なので、2倍ビックリ！！
・早く電気ができる理由を知りたい。先生教えて！

2 11円電池、備長炭電池をつくろう

もっと簡単に、身近な材料で電流をつくってみましょう。

■ 10円硬貨と1円硬貨（アルミニウム）で化学電池をつくる

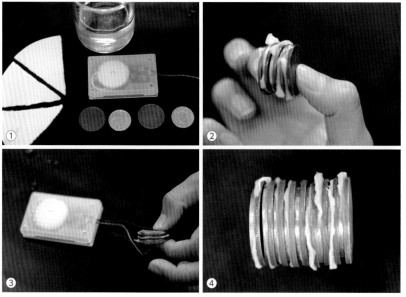

①、②：ろ紙を食塩水で湿らせ、10円と1円の間にはさむ（11円電池完成）。　③：電子オルゴールで、電流を確認する。　④：直列につなぐと電圧が上がるが、電池どうしの間にろ紙をはさむと、電流が遮断される。

■ 備長炭で電池をつくる

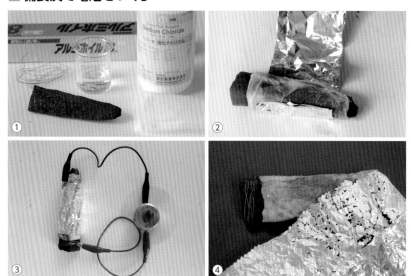

①、②：紙を食塩水で湿らせ、備長炭に巻く。その上にアルミホイルを巻く。　③：備長炭の一方に針金を巻く。針金とアルミホイルにモーターをつなぐ。電流を確認する。　④：数時間後、電池を分解するとアルミホイルが溶けていることがわかる。

準　備

- 10円硬貨と1円硬貨
- 食塩　　　　20g
- 水　　　　　10g
- ろ紙（キッチンペーパー）
- 電子オルゴール、モーター
- 備長炭、アルミホイル

⚠ 注意　触法

- 古くから行われている実験なので紹介したが、長く続けるとアルミニウム（1円）が溶け、硬貨を破損させ法に触れる場合がある。10円が溶けない理由は p.140。1円をアルミホイルにすれば問題はない。

実験中の様子
協力し合って、電子オルゴールが鳴るか確かめる。

生徒の感想

- 11円電池は3個つなげたら鳴った。でも、モーターは10個つなげても回らなかった。もっとたくさんつなげたい。
- 備長炭電池も簡単！
- 食塩水がべとべとした。

3 フルーツ電池

　フルーツや調味料など、台所で手に入るいろいろな食材や水溶液に、2つの金属（銅とマグネシウム）を差し込んでみましょう。次から次へと新しい発見があるので、何時間やっても退屈しない実験です。

準　備

- 2種類の金属
  （銅板、Mgリボン）
- 水分を含むいろいろな食品（ジュース、果物、野菜、梅干し、トマトケチャップ、わさび、洗剤など）
- 電子オルゴール

⚠ **注意** 誤飲、誤食

- 実験に使ったものは食べない。味を調べるものは別にする。

電流を測定する生徒
電流計は、320mAをさしている。

全部混ぜた水溶液
かなりおおざっぱな方法でも、電流ができる。

先生、最後に全部混ぜても良い?
この生徒の発言は、大発見のチャンスかもしれない。強酸と強アルカリを混ぜると、地上最強の水溶液ができそうだが、実際は互いの性質を打ち消し合う（中和 p.128）。

定量実験
性質の有無だけでなく、強弱を調べる実験。性質だけを調べる実験は、定性実験という。

■ フルーツ電池の実験と発見

①：リンゴ電池。　②：梅干しは、酸っぱいものほどよく鳴った。　③：お茶はさらさらしているので鳴らないように思うが、想像以上に大きな音が出る。　④：いろいろ全部混ぜてつくったミックスジュース電池。→大成功!

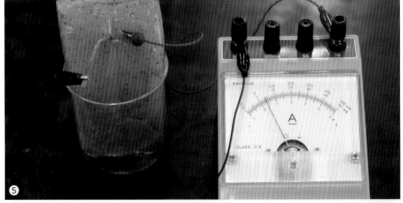

⑤：こんにゃくもよく電流を発生させた（4mA）。形がしっかりしているので、同じ大きさに切って揃えれば、定量実験に使えそうだ。　⑥：銅板の上に中性洗剤と墨汁をたらして調べている様子。墨汁は鳴らない。

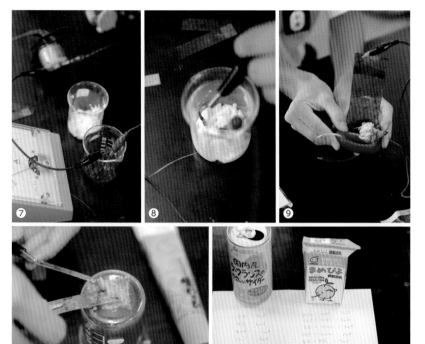

■ 生徒の発見

(1) 金属の間隔は狭いほうが、大きな電流が発生する。
(2) 金属どうしが触れるとダメ。
(3) プラス、マイナスを変えると、電子オルゴールは鳴らない。
(4) 電流が弱いと、へんな曲になる。
(5) 生姜、ケチャップ、辛子など味が濃いものほどよく鳴る。
(6) 酸味のある果物なら何でもできる。

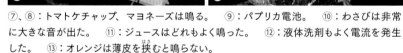

⑦、⑧：トマトケチャップ、マヨネーズは鳴る。　⑨：パプリカ電池。　⑩：わさびは非常に大きな音が出た。　⑪：ジュースはどれもよく鳴った。　⑫：液体洗剤もよく電流を発生した。　⑬：オレンジは薄皮を挟むと鳴らない。

友達と協力して実験する様子

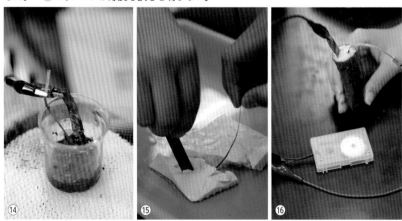

⑭：チョコレートは電流ができない。ガスバーナーでどろどろになるまで加熱しても同じ（ビーカーの洗浄が大変）。　⑮：豆腐は水分が多いためか、よく鳴った。　⑯：キュウリ電池は、電極をさくっと差し込むだけで、よく鳴った。

役目を終えた実験材料

発生する電流の大きさと味や匂いの関係も調べるとよい。

🖐 **生徒の感想**

・ 美味しい実験でした。
・ オルゴールの音がかわいい。
・ 酸性雨で電流をつくってみたい。
・ イチゴケーキなら、ケーキについている銀紙で電気ができるよ！
・ 練りわさび最高！

4 金属を変えて電流をつくろう

フルーツ電池では、いろいろな水溶液を調べましたが、この実験では金属の種類を変えます。大きな電流ができる組み合わせや金属ごとの＋極・－極をまとめましょう。

準　備

- 塩酸（5％）
- いろいろな金属板（Mg、Al、Zn、Fe、Cu）
- リード線、電子オルゴール

⚠ 注意　廃液処理
- 銅イオンを含む廃液は、下水に流さない。先生の指示にしたがう。

検流計（ガルバノメーター）
中央が0で、微小な電流の＋、－を調べることができる。

生徒の感想
- マグネシウムは、いつも溶けていました。
- 同じ金属では発生しないけれど、異なるものなら何でもできる。検流計を使えば、電流が発生したことはわかるけれど、大きさを測定できるほど正確な実験ではないと思う。

■ 金属の組み合わせを変える化学電池の実験

①：いろいろな金属を用意する（左からマグネシウム、アルミニウム、亜鉛、鉄、銅）。

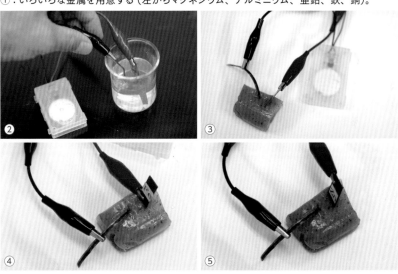

②：オルゴールにマグネシウムと銅をつけ、塩酸に入れる。次に＋－を変える。さらに、金属の組み合わせを変えて行う。　③～⑤：こんにゃくを使えば電極の間隔を一定にできる。

■ 実験結果と考察

理論的な実験結果
この実験では、－極になる金属は溶けてなくなり、＋極では H_2 が発生する（p.140 イオン化傾向）。

		Mg	Al	Zn	Fe	Cu
マグネシウム	（Mg）	×	－極	－極	－極	－極
アルミニウム	（Al）	＋極	×	－極	－極	－極
亜　鉛	（Zn）	＋極	＋極	×	－極	－極
鉄	（Fe）	＋極	＋極	＋極	×	－極
銅	（Cu）	＋極	＋極	＋極	＋極	×

　この実験から、マグネシウムは常に－極になること、金属の組み合わせによって＋－が決まっていることがわかります。

5 塩化銅水溶液と Al（アルミニウム）の反応

　金属の極性（＋極−極のどちらになるか）を考えるための実験をしましょう。この実験では、銅とアルミニウムを比較しますが、それは次の2つのステップに分かれます。

準　備

- 塩化銅、アルミニウム
- 試験管、ガラス棒

⚠ 注意 廃液処理

■ ステップ1：銅イオン Cu²⁺ をつくる

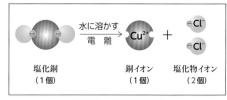

写真①〜③のモデル図

水に溶かす
電離

塩化銅（1個）　銅イオン（1個）　塩化物イオン（2個）

①：試験管に少量の塩化銅（$CuCl_2$）を入れる。　②、③：水を加え、ガラス棒で混ぜて塩化銅水溶液をつくる（塩化銅は、銅イオンと塩化物イオンの2つに電離する）。

生徒の感想

- 試験管が熱いよ。
- アルミニウムが溶けて、銅が出てきた。銅の勝ち！　でもこれは、銅イオンは金属に戻りたい性格、アルミニウムはイオンになりたい性格、と考えたほうが良いだろう。

■ ステップ2：アルミニウムを入れる

④：アルミ箔（アルミニウム）を3cm幅に切り、数回たたんで棒状にする。　⑤〜⑧：アルミニウムを塩化銅水溶液に入れると、銅が付着する。銅イオンは青色なので、水溶液が無色透明になっていく。また、アルミニウムはぼろぼろになる（モデル図 p.136 一番下）。

第8章

6 硫酸銅水溶液とZnの反応

銅と亜鉛を比べます。亜鉛は銅よりイオンになりやすいので、亜鉛が溶けてイオンになり、銅が単体として析出します。

析出
ある物質が、液体中で固体としてあらわれることを析出という。析出は、再結晶（p.106）、イオン化傾向の違い（p.140）、電気分解（p.142）などで見られる。

■ 銅と亜鉛の電子を奪う力を比べる実験

①：シャーレに硫酸銅水溶液をつくる（化学式とモデル図：下）。　②：亜鉛を静かに入れる。

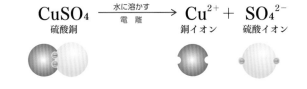

$$CuSO_4 \xrightarrow[電離]{水に溶かす} Cu^{2+} + SO_4^{2-}$$

硫酸銅　　　　　　　　　銅イオン　硫酸イオン

■ 銅イオンが銅になる変化

1時間後の様子
銅が大量に析出している。その分だけ青（銅イオンの色）が薄くなる。

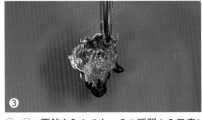 

③、④：亜鉛を入れると、その瞬間から反応し、銅が析出する。

写真③、④の電子の動き

$$Zn \xrightarrow[電子をわたす]{} Zn^{2+} + 2e^-$$

$$Cu^{2+} + 2e^- \xrightarrow[電子をもらう]{} Cu$$

この実験の電子の受けわたし

$$Cu^{2+} + Zn \xrightarrow[電子の受けわたし]{} Cu + Zn^{2+}$$

■ Cu^{2+} とZn、Cu^{2+} とAlにおける電子の移動モデル図

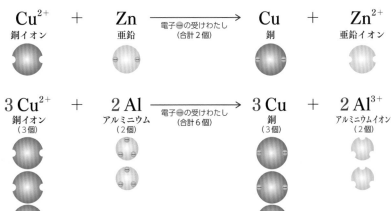

$$Cu^{2+} + Zn \xrightarrow[（合計2個）]{電子⊖の受けわたし} Cu + Zn^{2+}$$

銅イオン　　亜鉛　　　　　　　　　　　銅　　　亜鉛イオン

$$3\,Cu^{2+} + 2\,Al \xrightarrow[（合計6個）]{電子⊖の受けわたし} 3\,Cu + 2\,Al^{3+}$$

銅イオン　　アルミニウム　　　　　　　銅　　　アルミニウムイオン
（3個）　　（2個）　　　　　　　　　（3個）　（2個）

生徒の感想

- あっという間に銅ができちゃった。
- 銅イオンは青くてきれいだけど、できたての銅はピカピカしていない。

7 硫酸銅水溶液と Fe（鉄）の反応

　銅と鉄を比べます。鉄が溶けて銅が析出することは、銅イオンが鉄から電子を奪うことを意味します。

準　備

・硫酸銅、鉄、ビーカー

■ 銅と鉄の電子を奪う力を比べる実験

この実験の電子の受けわたし

$$Cu^{2+} + Fe \longrightarrow Cu + Fe^{2+}$$
電子の受けわたし

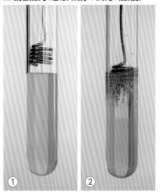

①：硫酸銅水溶液をつくる。　②〜⑥：鉄板を水溶液に入れ、様子を観察する（④は入れた直後、⑤は5分後、　⑥は取り出した鉄板）。

■ 硝酸銀水溶液と銅の反応（銀樹）

①、②：硝酸銀水溶液に銅を入れると、銅が溶解して青色の銅イオンになり、銀が樹木のように析出する。これは、銅が銀よりイオンになりやすいことを示す。p.135〜p.137の実験でわかる順番は次の通り。（アルミニウム、亜鉛、鉄）＞銅＞銀、この続きは p.140。

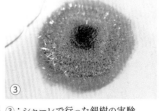

■ 鉄が、銅イオンに電子をわたすモデル図

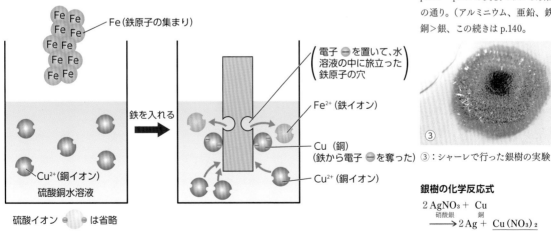

Fe（鉄原子の集まり）

鉄を入れる

電子 ⊖ を置いて、水溶液の中に旅立った鉄原子の穴

Fe²⁺（鉄イオン）

Cu（銅）（鉄から電子 ⊖ を奪った）

Cu²⁺（銅イオン）

Cu²⁺（銅イオン）

硫酸銅水溶液

硫酸イオン ⊖ は省略

③：シャーレで行った銀樹の実験

銀樹の化学反応式

$$2\,AgNO_3 + Cu$$
硝酸銀　　　銅
$$\longrightarrow 2\,Ag + Cu(NO_3)_2$$
$$\underline{Cu^{2+} + 2\,NO_3^-}$$
銅イオン　硝酸イオン
（青）

　鉄と銅で化学電池をつくると、電子 ⊖ を放出しやすい鉄が−極になります。Al（アルミニウム）と銅（p.135）、Zn（亜鉛）と銅（p.136）も同じ考え方です。

8 塩酸と金属の反応

塩酸に金属を入れると水素が発生します。金属の種類による発生量を比較すれば、イオン化傾向の大きさがわかります。水素がよく出る＝よく溶ける＝イオンになりやすい＝イオン化傾向が大きい、です。

準　備

・塩酸 (5%)
・いろいろな金属
・試験管

⚠ 注意　目の損傷

上方置換法で水素を集める
水素は、試験管にゴム栓、ゴム管を取りつけるだけで簡単に集められる。

マッチの火で水素を確認する
試験管を逆さにして火を近づけると、酸素と化合するときに炎が引き込まれるようにして、大きな音がでる。

生徒の感想

・マグネシウムは、しゅわーっとジュースみたい。
・よく反応するものほど、よく熱を出した。

■ いろいろな金属と塩酸の反応

①：Mg。大量の気体が発生し、金属が浮いた。　②：Al。細かい泡が発生。　③：Zn。少し泡が発生。　④：Fe。反応するまでに時間がかかる。　⑤：Cu。反応なし。

⑥：ガラス棒を使って、反応の様子を確かめる生徒。明らかに気体の発生量が違う。

■ 実験結果とイオン化傾向

	Mg マグネシウム	Al アルミニウム	Zn 亜鉛	Fe 鉄	(H₂) (水素)	Cu 銅
水素の発生量	多　い ⟵		⟶ 少ない		－	発生しない
イオン化傾向	大きい ⟵			⟶ 小さい		

水素の発生量とイオン化傾向は、上表のように関係しています。逆に、水素の発生量から、傾向の大きさを推測することもできます。

■ 塩酸とマグネシウムの反応

塩酸にマグネシウムを入れたときの反応は、次のとおりです。

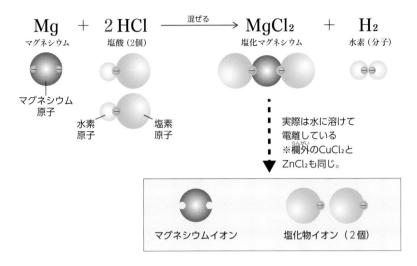

$$Mg + 2HCl \xrightarrow{混ぜる} MgCl_2 + H_2$$

マグネシウム　　塩酸（2個）　　　　　　　塩化マグネシウム　　水素（分子）

マグネシウム
原子

水素
原子　　　　塩素
　　　　　　原子

実際は水に溶けて
電離している
※欄外のCuCl₂と
ZnCl₂も同じ。

マグネシウムイオン　　　塩化物イオン（2個）

金属 Mg を追加する

Mg は反応が速い。Mg は消えたのではなく、Mg^{2+} として水溶液に溶け、見えなくなっただけ。量は変わらない。

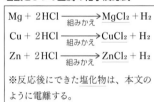

塩酸と3つの金属の化学反応式

$$Mg + 2HCl \xrightarrow{組みかえ} MgCl_2 + H_2$$
$$Cu + 2HCl \xrightarrow{組みかえ} CuCl_2 + H_2$$
$$Zn + 2HCl \xrightarrow{組みかえ} ZnCl_2 + H_2$$

※反応後にできた塩化物は、本文のように電離する。

■ 酸と金属の反応

酸に金属を入れると、水素を発生することがよくあります。それは、酸の正体が H^+ だからです。H^+ は電子 ⊖ を引きつける力が強く、イオンでいるよりも H_2 でいるほうが安定しているのです。

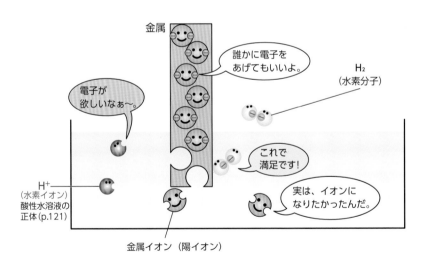

金属

誰かに電子を
あげてもいいよ。

H_2
（水素分子）

電子が
欲しいなぁ〜。

これで
満足です!

H^+
（水素イオン）
酸性水溶液の
正体(p.121)

実は、イオンに
なりたかったんだ。

金属イオン（陽イオン）

水素イオン、水素分子のモデルの色

前者は陽子1個の粒なので赤色(p.18)、後者は水素原子2個で一粒として存在するので水色で表現した。p.123も同じ。

■ 水素イオン（酸）が水素になるモデル図

金属　　＋　　酸　　$\xrightarrow{電子の受けわたし}$　　金属イオン　＋　水素

金属原子

水素イオン（2個）

イオンになった金属
（水素イオンに電子
を2個わたした）

水素分子（1個）
（金属から電子
をもらった）

9 イオン化傾向

これまでの実験は、金属によって「陽イオンへのなりやすさ」、イオン化傾向が違うことを示しています。ポイントは、金属は電子⊖を放出し、陽イオンになることです。陰イオンにはなりません。

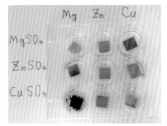

中学で覚えたいイオン化傾向に関する原子の位置

－極で水素が発生しない金属

銅、銀、金以外は、－極に水素（気体の分子）が発生する。右のイオン化傾向を見ればわかる。

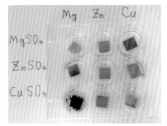

マイクロプレートを使った実験

少量で同じ結果を得られるマイクロスケール実験は、無駄が少なくSDGsにもつながる。ただし、本当に同じ結果になるか考察すること。

上の実験結果のまとめ

	Mg	Zn	Cu
MgSO₄	変化なし		
ZnSO₄			
CuSO₄	変化あり		

いろいろな化学電池

(1) 食塩水でつくる化学電池 (p.130)
(2) 11円電池、備長炭電池 (p.131)
(3) フルーツ電池 (p.132)
(4) ボルタ電池 (p.141)
(5) ダニエル電池 (p.141)
(6) 一次電池、二次電池 (p.152)
(7) 燃料電池 (p.153)

生徒の感想

・化学電池の原理はイオン化傾向だ！

■ 主な金属のイオン化傾向

K カリウム	Ca カルシウム	Na ナトリウム	Mg マグネシウム	Al アルミニウム	Zn 亜鉛	Fe 鉄	(H₂) (水素)	Cu 銅	Ag 銀	Au 金

陽イオンになりやすい ← → **イオンになりにくい**
（電子⊖を放出） （金属は陰イオンにならない）
水溶液に溶けやすい ← → 水溶液に溶けにくい
－の電極になる ← → ＋の電極になる

※ H₂ は金属ではないが、金属の中に酸を入れたときによく発生する（p.138）ので示した。上表で H₂ より右側にある金属は、HCl（塩酸）に溶けない。

■ 化学電池の電極の考え方

電子⊖がある－極に着目しましょう。－極は、電子⊖を放出しやすい、電子⊖を置いて溶けやすい、イオン化傾向が大きい金属です。溶けてなくなります。その一方、＋極は変化しません。電子は通過していき、その表面で電子を渡すだけです。

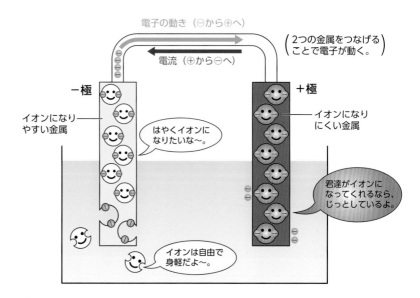

※ ＋－ は、2つの金属の組み合わせで決まる。イタリアの物理学者ボルタが考えた「ボルタ電池」の場合、銅と亜鉛を使う。銅が＋極、亜鉛が－極になる。電解液は硫酸。電離式は次の通り。H₂SO₄（硫酸）⇄ 2H⁺（水素イオン）＋ SO₄²⁻（硫酸イオン）。

10　ダニエル電池

　食塩水でつくる化学電池（p.130）、11 円電池（p.131）、フルーツ電池（p132）は不安定です。ここで、安定した電気を取り出せるダニエル電池をつくりましょう。2 種類の水溶液を使います。

準　備

- CuSO₄と銅
- ZnSO₄と亜鉛
- 素焼きの器、ビーカー
- 電子オルゴール、リード線

■ ダニエル電池でオルゴールを鳴らす実験

ポイントは 2 つの水溶液が直接混ざらないようにする工夫です。

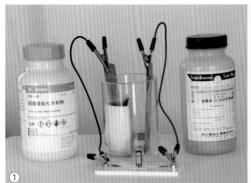
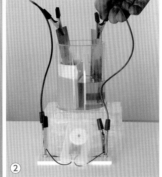

①：亜鉛と銅で、化学電池の装置を組む。ただし、水溶液が混ざらないように、一方を素焼きの器に入れる。　②：亜鉛に硫酸亜鉛水溶液、銅に硫酸銅水溶液を入れる。電子オルゴールを使うと、極性も確かめることができる。

⚠ 注意　廃液処理

素焼きの器のはたらき
－極に Zn^{2+}、＋極に SO_4^{2-} が増え続けることを防ぐ。無数の小さな穴があり、2 つが自由に移動できる。セロファンも同じはたらきがある。

ボルタ電池	ダニエル電池
ボルタが発明	ダニエルによる改良型
電解液：H_2SO_4	電解液：$CuSO_4$ と $ZnSO_4$
＋極：Cu（溶けない）→　表面に何かができる	－極：Zn（溶けてなくなる）→　電子を放出し Zn^{2+} になる
＋極に H_2 が発生し、弱くなる	＋極に Cu が析出する（問題なし）

※化学電池の電極の考え方（p.140）

■ ボルタ電池（左）とダニエル電池（右）のモデル図

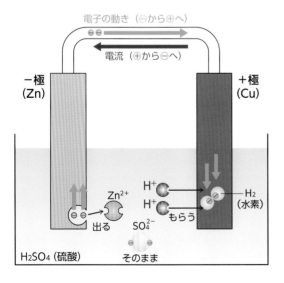

電子の動き（⊖から⊕へ）
電流（⊕から⊖へ）
－極（Zn）　＋極（Cu）
H^+　H^+　H_2（水素）
Zn^{2+}　出る　もらう
SO_4^{2-}　そのまま
H_2SO_4（硫酸）

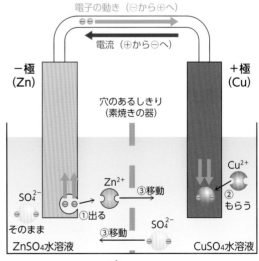

電子の動き（⊖から⊕へ）
電流（⊕から⊖へ）
－極（Zn）　＋極（Cu）
穴のあるしきり（素焼きの器）
SO_4^{2-}　そのまま
Zn^{2+}　①出る　③移動
Cu^{2+}　②もらう
SO_4^{2-}　③移動
$ZnSO_4$水溶液　$CuSO_4$水溶液

　いずれも電極は同じです。－極は亜鉛で、電子⊖を放出します。ダニエル電池の長所は、小さなイオンが通過できる素焼きの器を使って水素の発生を防ぎ、安定した電力を取り出せるようにしたことです。

生徒の感想
- 亜鉛板は溶けると黒くなる。
- 素焼きの器には小さな穴が空いているらしいけれど、見えないぞ。イオンも見えないけど。

11 塩化銅の電気分解

塩化銅を電気分解しましょう。電気分解は、イオン結晶の化合物（電解質）を、単体にする方法の1つです。授業では、この実験の電極として、親しみあるシャープペンシルの芯を使いました。

塩化銅 (CuCl$_2$)
水に溶かすと、緑色から水色（透明）に変わる。

実験後のテーブル
シャープペンシルの芯は不純物（鉄や接着剤など）を含んでいるので、実験後の水溶液は、複雑な色に変化している。

銅の塩化 (p.59)

$$Cu + Cl_2 \xrightarrow[\text{塩 化}]{} CuCl_2$$

上の反応は簡単に進むが、逆向きに反応させるためには電気が必要（電気分解）。

■ 塩化銅の電気分解の実験

①：塩化銅水溶液（水50mL、塩化銅2g、5g）をつくる。結果は、薄い方がよく反応する。　　②：電極（シャープペンシルの芯）を入れ、電流を流す（黒：－極、赤：＋極）。

③：－極に銅が析出する。　　④：手前は炭素棒、持ち上げているのはアルミホイルを丸めたアルミ棒。いずれも銅ができている。　　⑤：電極の間隔、電流の大きさなど自分たちで工夫して実験することが大切。

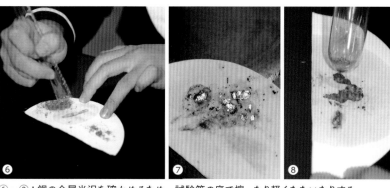

⑥〜⑧：銅の金属光沢を確かめるため、試験管の底で擦ったり軽くたたいたりする。

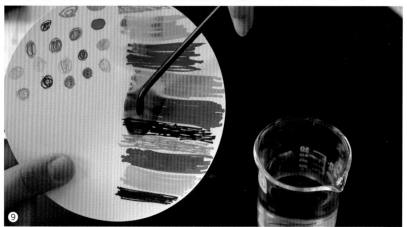

⑨：塩素の脱色作用を確かめるため、ろ紙にいろいろなフェルトペンで色をぬり、塩素が溶けた水溶液をつける。顔料の種類による違いもわかる。

ろ過で不純物を取り除く

炭素棒のかわりにシャープペンシルの芯を使った場合は不純物が出る。ろ過して、再利用する。

■ 実験結果

ー　極	＋　極
・銅色の銅ができた 　　　　　　　　→　銅（固体）	・泡が発生した ・プールのにおいがした ・脱色作用があった　　→　塩素（気体）

※塩化銅が電気分解するしくみは p.144。

■ 電極の距離を変えたときの変化

①、②：2枚の写真の右側の極（＋極）に発生する気体の量に着目すると、間隔が狭いほど、よく反応していることがわかる。

12 塩化銅の電気分解のしくみ

　塩化銅の電気分解は2つのステップに分けられます。ステップ1は水に溶かすだけで生じる電離、ステップ2はいわゆる電気分解です。ステップ2のポイントは、電源装置による電子⊖の動きです。

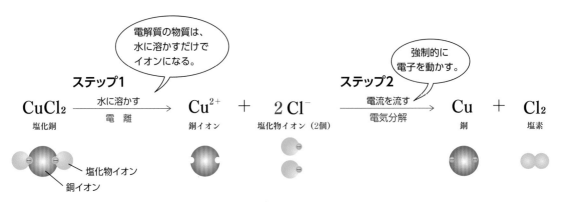

■ ＋極、－極を入れたとき（ステップ2）の模式図

　水溶液中の＋イオンは－極に、－イオンは＋極に移動します。そして、電極で電子をもらったり、電子をとってもらったりします。

電子からみた電源

－ 極	＋ 極
・電子がたくさんある	・何もない
・電子をあげたい	・からっぽ
・電子を与える	・電子が欲しい
	・電子を奪う

生徒の感想

・塩化物イオンがいらない電子をとってもらうのは、昔話のこぶとりじいさんみたい。
・塩化物イオンについていた電子2個が、銅イオンの穴に2つはまって、みんなニコニコ（2個2個）だね。

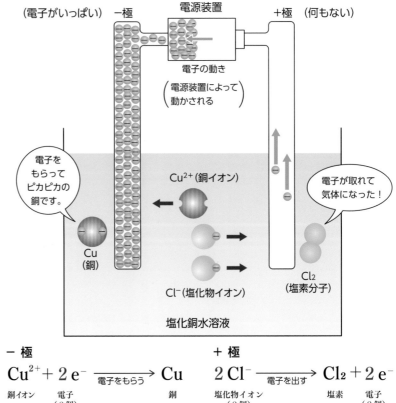

－ 極
$$Cu^{2+} + 2\,e^- \xrightarrow{\text{電子をもらう}} Cu$$
銅イオン　電子（2個）　　　　　　　　銅

＋ 極
$$2\,Cl^- \xrightarrow{\text{電子を出す}} Cl_2 + 2\,e^-$$
塩化物イオン（2個）　　　　　　塩素　電子（2個）

13 塩化鉄の電気分解

塩化銅と同じように、塩化鉄を電気分解してみましょう。

準　備

• 塩化鉄（Ⅲ）
※塩化鉄（Ⅱ）は本文④の操作でつくる。
• ビーカー
• 炭素棒、電源装置

⚠ 注意　換気、廃液処理

■ 塩化鉄（Ⅲ）水溶液に電流を流す実験

①、②：塩化鉄（Ⅲ）4gで水溶液100gをつくり、電圧20Vをかける。　③：－極は鉄を含んだものができ、＋極は塩素を発生し黒くなる。写真はビーカーから取り出して撮影。

■ 塩化鉄（Ⅱ）水溶液をつくり、電流を流す実験

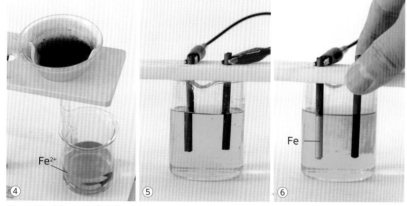

④：5倍の濃さの水溶液①をつくり、スチールウール1/2個と濃塩酸0.5mLを入れ、よくかき混ぜてからろ過し、塩化鉄（Ⅱ）水溶液をつくる。ろ過前の水溶液にも着目。　⑤、⑥：④の水溶液を数倍に薄め、②と同じように電気分解する。－極に鉄（Fe）が析出。

潮解した塩化鉄（Ⅲ）

自然に空気中の水に溶ける性質を、潮解という。また、塩化鉄の鉄イオンは2種類あり、Fe^{2+} は（Ⅱ）、Fe^{3+} は（Ⅲ）。塩化鉄の電気分解には、（Ⅱ）を使う。

鉄イオンの色

Fe^{3+}	黄褐色
Fe^{2+}	淡緑色

👉 生徒の感想

• きれいな緑色、きれいな鉄ができた。高級な実験！

■ 実験結果

－ 極	＋ 極
• 銀色の鉄ができた 　　　　　　　→ 鉄（固体）	• 水溶液が黄色になった • プールのにおいがした → 塩素（気体）

※塩化鉄の電気分解は、条件がよくそろわないと上のような理想的な結果にならない。

$$\underset{\text{塩化鉄（Ⅱ）}}{FeCl_2} \xrightarrow[\text{電気分解}]{\text{電流を流す}} \underset{\text{鉄}}{Fe} + \underset{\text{塩素}}{Cl_2}$$

14 水の電気分解

水は、水素：酸素＝2：1の割合に分解します。いずれも水に溶けにくい気体なので、定比例の法則（p.51）もよくわかります。

準 備

- 水　　　　　　　200mL
- 水酸化ナトリウム　2g
- H管、電源装置（5〜15V）
- マッチ、線香

⚠ 注意　目・皮膚の損傷

- H管は水溶液が飛び散りやすい。

Na⁺は影響しない

NaOH水溶液に含まれるイオンは3つ。Na^+、H^+、OH^-。イオン化傾向の違いから、Na^+は変化しない。

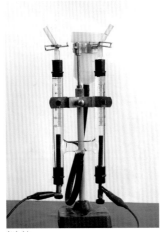

H管（ホフマン型）
ガラスでできた電気分解装置。今回、電極は炭素棒を使用。

アボガドロの法則

「同圧力、同温度、同体積のすべての種類の気体には同じ数の分子が含まれる」という法則。化学変化する気体どうしは単純な比になることを示す。

ファラデーの電気分解の法則

「電気分解される物質の数（アボガドロ数 p.39 欄外）と電子の数は比例する＝簡単な比になる」という法則。発見当時に知られていなかった電子の存在を示した。

■ 実験の手順と様子

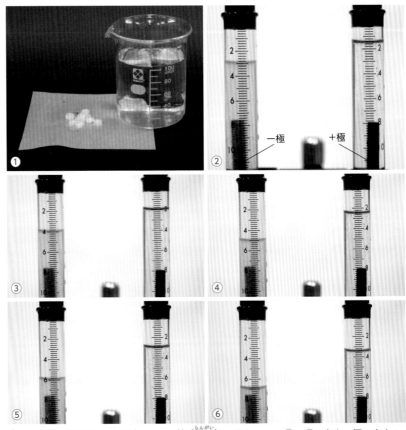

①：水酸化ナトリウムを水に溶かし、H管（欄外）に入れる。　②〜⑥：左を一極、右を＋極につなぎ、電流を流す。発生する気体の比率は最後まで、2：1。

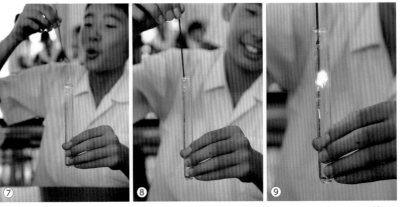

⑦、⑧：＋極にたまった気体を試験管にとり、酸素であることを予測して、火のついた線香を入れる。　⑨：小爆発する（火がついた線香を入れたときの様子 p.33）。

■ 簡易装置によって発生させた水素の爆発実験

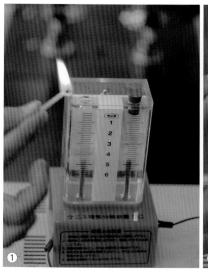

①

②

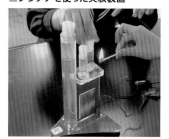

■プラチナを使った実験装置

中央にプラチナ（白金、Pt）製の電極がある。水酸化ナトリウムを使わなくても水の電気分解ができる。

①、②：－極に集まった気体（水素）にマッチの炎を近づけると、炎が内側に吸い込まれるように反応し、大きな音が出る（ペットボトルを使った水素の爆発 p.55）。

■ 実験結果のまとめ

一　極	＋　極
・無色透明、無臭	・無色透明、無臭
・＋極の 2 倍発生し、すぐに集まった	・－極のちょうど半分発生した
・マッチの火を近づけると爆発した	・火のついた線香を入れると、ポンと音を立てて炎になった
$2H_2 + O_2 \xrightarrow[化合（燃焼・爆発）]{} 2H_2O$	
→ 水素（気体）	→ 酸素（気体）

$$2H_2O \xrightarrow[電気分解]{電流を流す} 2H_2 + O_2$$

水分子（2 個）　　　　　　　　水素分子（2 個）　　酸素分子

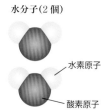

水素原子

酸素原子

【生徒の感想】

・水素の爆発は、何回やっても楽しい。線香の小爆発も面白い。

・本当に 2：1 で発生した。

・水酸化ナトリウムで、手がぬるぬるしました。先生がしっかり洗い流せば大丈夫、こすらなくても良い、というので、流しただけでした。

■ 水の電気分解と燃料電池

　電気分解はエネルギーを使う反応、燃料電池はエネルギーを取り出す反応です。燃焼はエネルギーの放出（発熱反応）です。

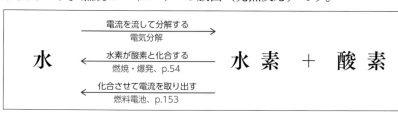

水　$\xleftarrow{\text{電流を流して分解する}}$　水素　＋　酸素
　　電気分解

　　　水素が酸素と化合する
水　←　　燃焼・爆発、p.54

　　　化合させて電流を取り出す
水　←　　燃料電池、p.153

15 塩酸の電気分解

明快な結果が出る実験です。水素の爆発は同じですが、プラス極に発生する塩素の色、におい、高い溶解度、脱色作用を確かめましょう。

準　備

- 5％塩酸　　　100mL
- H管セット
- 電源装置　　　20V

※電圧は0からゆっくり上げ、20Vまでの適切な大きさにする。

- ろ紙、インク

⚠ 注意　目・皮膚、有毒ガス

- 安全メガネを使用する。
- 塩素ガスを屋外へ逃す。

実験の化学反応式とモデル図

ステップ1：塩化水素を水に溶かす

$$HCl \longrightarrow H^+ + Cl^-$$
塩化水素　　電離

塩化水素の水溶液を「塩酸」という。塩酸は HCl ではなく、「H^+ と Cl^-」と考えるほうが良い。
水素イオン　塩化物イオン

ステップ2：塩酸に電流を流す

$$2HCl \longrightarrow H_2 + Cl_2$$
塩酸　　　電気分解　水素　　塩素
（2個）　　　　　　（1個）　（1個）

電子の受けわたしでH_2とCl_2ができる。

■ 電気分解の手順と様子

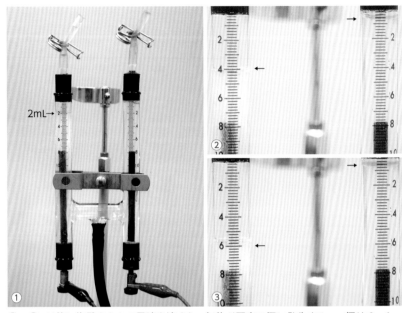

①～③：H管に塩酸を入れて電流を流すと、気体が両方の極に発生する。−極は 2、4、6mL と順調に集まるが、＋極の気体はすぐ水に溶けてしまう。

④：＋−、それぞれの電極に発生する気体の様子を詳しく観察する。また、塩酸が目に入る事故を防ぐために、安全メガネを着用するとよい。

■ 実験結果

－ 極	＋ 極
・水に溶けないので、すぐに集まった。 ・マッチの火を近づけると爆発した。 　$2H_2 + O_2 \longrightarrow 2H_2O$ ・無色透明無臭 → **水素（気体）**	・たくさん発生しても、試験管の途中で消えてなくなった（水に溶けた）。 ・プールのにおいがした ・薄い黄緑色になった → **塩素（気体）**

過飽和になった塩素がたまる様子

復習しよう！

H	○	**水素原子** いろいろな物質をつくる素材
H⁺	●	**水素イオン** ＋の電気を帯びた水素原子
H₂	○○	**水素分子**（いわゆる水素） 水素の性質をもった粒子

生徒の感想

・赤色がよく脱色した。
・ペンのメーカーによって消え方が違う。
・油性ペンで色をぬった部分は変化なし。
・塩素がなかなかたまらないのは、溶けてしまうから。

①、②：塩素は水によく溶ける。しかし、飽和状態を過ぎると、水素と同じペース（体積比 1：1）でたまる。塩素は有毒なので、換気をよくすること。　③：＋極の水溶液をガラス棒につけ、脱色作用を調べる（調べ方 p.143）。

塩酸の電気分解の模式図

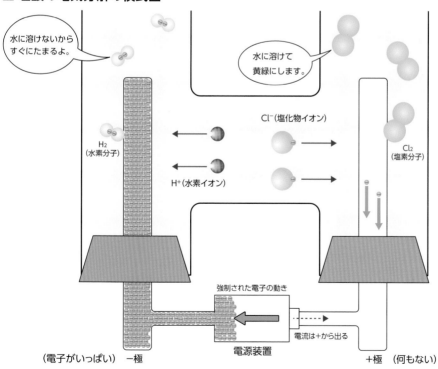

16 食塩水の電気分解

NaCl 水溶液は、ナトリウムと塩素に分解されません。電極にできる物質は、食塩水に含まれる4つのイオン（Na^+、Cl^-、H^+、OH^-）のうち、イオンになりたくないもの（イオン化傾向 p.140 が小さいもの）の2つです。残り2つはイオンのまま水溶液に残ります。

準　備

- 20%食塩水　100g
- H管セット、電源
- マッチ

⚠ 注意 　有毒ガス

- 塩素が発生するので注意。

食塩水の性質

(1) 無臭
(2) 無色透明
(3) 塩辛い
(4) 水に溶ける（35g/100g）
(5) 電解質水溶液

実験の化学反応式

ステップ1：食塩を水に溶かす
（p.113）

$$NaCl \xrightarrow[電離]{} Na^+ + Cl^-$$
塩化ナトリウム

ステップ2：食塩水に電流を流す

$$Na^+ \longrightarrow Na^+ （変化なし）$$

$$2Cl^- \xrightarrow{電子を与える} Cl_2 （写真⑤＋極）$$

$$2H^+ \xrightarrow{電子をもらう} H_2 （写真⑤−極）$$

$$OH^- \longrightarrow OH^- （変化なし）$$

イオン化傾向が大きいものは、イオンのまま、変化なし（p.140）。

■ 食塩水の電気分解の実験

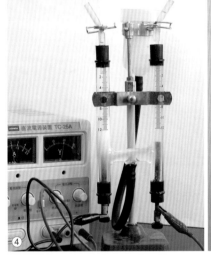
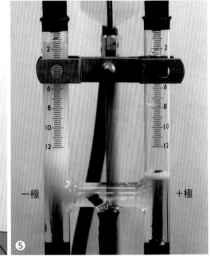

①〜③：20%の食塩水100gをつくる。　④：H管に入れ20Vをかける。−極から細かい気体、＋極から少量の気体が発生する。　⑤：5分後、＋極の気体が溶けなくなり、黄緑色になり、たまり始める（p.149の塩素と同じ結果）。

■ 実験結果と考察、食塩水に電流を流したときのモデル

水素と酸素が発生します。この結果は、塩酸の電気分解（p.148）と全く同じです。

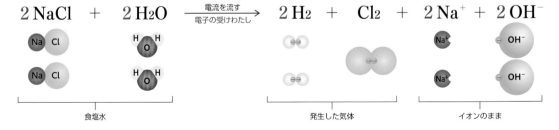

$$2NaCl + 2H_2O \xrightarrow[電子の受けわたし]{電流を流す} 2H_2 + Cl_2 + 2Na^+ + 2OH^-$$

食塩水　　　　　　　　　　　　　　　発生した気体　　　　イオンのまま

■ 食塩水の電気分解のモデル図

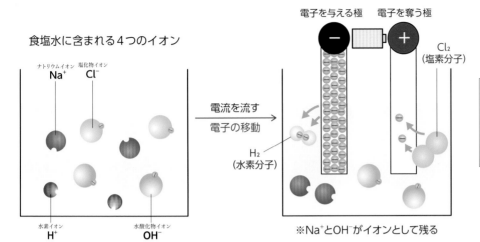

食塩水に含まれる４つのイオン

電子を与える極　電子を奪う極

Cl_2（塩素分子）

ナトリウムイオン　塩化物イオン
Na^+　　Cl^-

水素イオン　　　水酸化物イオン
H^+　　　　OH^-

電流を流す
電子の移動

H_2（水素分子）

※Na^+とOH^-がイオンとして残る

H^+とNa^+の勝負は
H^+の勝ち（H_2になる）

OH^-とCl^-の勝負は
Cl^-の勝ち（Cl_2になる）

※発生するものは、溶けている物質のイオン化傾向の大きさで決まる（p.140）。
※電気分解は−極から水素、＋極から酸素が発生することが多い（欄外）。

■ いろいろな電解質の水溶液を電気分解する

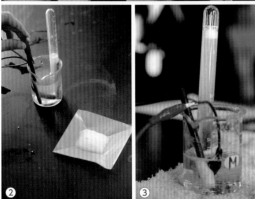

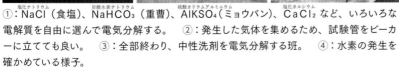

①：$NaCl$（食塩）、$NaHCO_3$（重曹）、$AlKSO_4$（ミョウバン）、$CaCl_2$ など、いろいろな電解質を自由に選んで電気分解する。　②：発生した気体を集めるため、試験管をビーカーに立てても良い。　③：全部終わり、中性洗剤を電気分解する班。　④：水素の発生を確かめている様子。

準　備

・いろいろな電解質
・電源装置、炭素棒、マッチ

⚠ 注意　換気

・試薬は食卓にあるもの、無害なものに限る。

主な電気分解の結果

試薬	できた物質	
	＋極	−極
NaCl	Cl_2	H_2
$NaHCO_3$	O_2	H_2
ミョウバン	O_2	H_2
水	O_2	H_2
$CaCl_2$	Cl_2	H_2
$CuCl_2$（p.142）	Cl_2	Cu
塩化鉄（p.145）	Cl_2	Fe
HCl（p.148）	Cl_2	H_2

生徒の感想

・先生、実験って面白いね。
・全部試したけれど、−極は全部水素だった。＋極は、酸素と塩素しか出てこなかった。

17 いろいろな電池の内部構造

電池は、直流（流れる方向が決まっている）電流をつくる装置です。電流は、電子の流れです。電池の種類は、電流のつくり方や充電の方法によって、次のように分けられます。

■ 電池の分類

物理電池 • 物理的な方法で電流をつくる	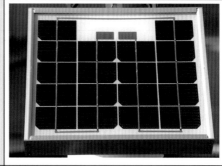 写真の太陽光電池は、光エネルギーを直接、電流に変える。その他、温度差や圧力などを使うものがある。
化学電池 • 物質の化学変化を利用する ※物質がもつ化学エネルギーを電気エネルギーに変換することを放電、その逆を充電という。	**一次電池**：充電できないもの、使い捨てのもの。  写真はアルカリ電池（1.5V）。その他、マンガン乾電池、ボタン乾電池など、さまざまな形状や電圧のものがある。
	燃料電池：水素と酸素を燃料とする電池。充電できないが、燃料（水素と酸素）を補給できる。  ※ただし、p.153の燃料電池カーは水を電気分解して水素と酸素をつくれるので、二次電池に分類する。
	二次電池：充電できるもの、充電池、蓄電池  写真はリチウムイオン電池。その他、鉛蓄電池、ニッケル水素電池など新しいものが日々開発されている。

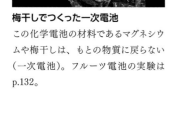

梅干しでつくった一次電池

この化学電池の材料であるマグネシウムや梅干しは、もとの物質に戻らない（一次電池）。フルーツ電池の実験はp.132。

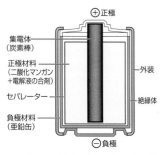

正極
集電体（炭素棒）
正極材料（二酸化マンガン＋電解液の合剤）
セパレーター
負極材料（亜鉛缶）
外装
絶縁体
負極

マンガン乾電池（一次電池）の内部構造

🖊 生徒の感想

・乾電池は、1.5Vの直流電源です。
・僕の携帯電話の電池は充電できるから、二次電池。

18　燃料電池で走る車

　燃料電池は、水素と酸素の化合（化学変化）から電気エネルギーを取り出す装置です。その原理は、水の電気分解の逆です。電気分解は電流を使いますが、燃料電池は逆に、電流をつくります。

準　備

・燃料電池カーセット
・水
・家庭用電源

■ 燃料電池カーを走らせる実験

①：2つの水槽に水を入れ、家庭用電源につなぐ。　②：電気分解が始まり、水槽に気体がたまる。たまったら充電完了。－極：＋極＝2：1＝水素：酸素。　③：車の心臓部。ここは、電流をつくる部分であり、水を電気分解する部分でもある。　④：車を走らせると、水槽の燃料（水素と酸素）が減っていく。

■ 物質そのものがもっているエネルギー

　水素と酸素と水は、それぞれの分子内部に化学的エネルギーをもっています。水素は水素原子2つ、酸素は酸素原子2つ、水は水素原子2つと酸素原子1つを結合させています。

水素　＋　酸素　　―――→　　水
エネルギー（電気、熱、光、音など）
原子の組みかえ

  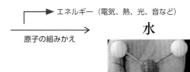

　原子を組みかえると、原子を結合させていたエネルギーがあまり、熱として出てくることがあります（発熱反応 p.44）。自然界の化学変化のほとんどは、このような方向へ進みます。

　生物の生命活動についても、原子の組みかえや物質がもつエネルギーのやりとりで考える立場があります。生物は細胞がつくるATPという物質を使ってエネルギーを出し入れします。

生徒の感想

・水だけで動く、って感じ。
・水素や酸素は危険な感じがするけれど、初めに入れた燃料が水だから、安全な気がする。
・水素をつくるのに電気を使うから、エコじゃないかも。

3つの生命活動と化学変化
生命活動は物質の変化（化学変化）として考えることができる。特にエネルギーに関係する代謝。

代謝	・体内で食物を燃やす（呼吸） ・自分の体をつくる（タンパク質合成） ・太陽エネルギーでブドウ糖をつくる（光合成）
恒常性	・自分をいつもの状態に保つ
連続性	・自分と同じ子孫をつくる

※詳細はシリーズ書籍『中学理科の生物学』で学ぶ。

生徒の考察

・生物は、物質の自然な変化に逆らっているから、生物は自然ではない。となると、自然とは何か。植物や動物に感じる自然とは何だろう。
・原子を結合させる腕の数＝エネルギーの強さ、だ。酸素分子の腕は2本ある。

第8章

19 化学とこれからの社会

　ここまで、「私たちの世界は小さな粒子からできている」と考え、自然をいろいろな方法で調べてきました。基本粒子である原子はとても小さく、一粒ずつでは見えませんが、少しずつイメージできるようになってきたと思います。復習してみましょう。

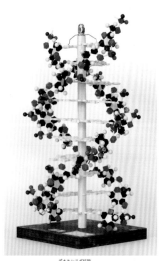

生物をつくる DNA（デオキシリボ核酸）の模型

化学物質としてのDNAは、生物そのものをつくる設計図といえる。黒は炭素、白は水素、赤は酸素の原子。

■ 物質の状態による見え方 (p.80)

気　体	・透明で、無色のものは見えない（塩素、オゾン、臭素などは有色） ※空中で見える場合、それは空中に浮かんだ液体、または固体
液　体	・決まった形をもたないが、見える
固　体	・結晶として、見える

※ヒトの目で見るためには、桁外れ（けたはず）の粒が集まる必要がある。無数に集まっているものは、結晶する固体、および、結晶構造をもたない液体。これらに対して、気体は最小単位の粒がばらばらに動き回っているので見えない。

■ 原子と原子を結びつける3つの方法 (p.23、p.31、p.118)

	結合方法と特徴
金属結合 金属どうし	方法：自由電子 ⊖ を共有する 特徴：金属光沢、電流を流すなど
共有結合 非金属どうし	方法：最外殻電子 ⊖ を共有する 特徴：結合力が強く、気体分子をつくる
イオン結合 金属＋非金属	方法：電子 ⊖ をやり取りし、原子の電子配置を安定させる 特徴：結晶構造、水に溶けるとイオンになる（電解質）

※自然界に存在する元素94種類は、金属72種類と非金属16種類と貴ガス6種類に分類される。貴ガスは単独で存在するが、金属と非金属は結合し、新しい物質をつくる。

さまざまな物質

身のまわりにある物質は、「天然の物質」と「人工的な物質」に分けることもできる。

■ 物質の分類

　一般に物質という場合、下表の純物質（純粋な物質）をさします。

混合物 ・2種類以上の純物質に分けられる物質 ・ろ過、蒸留、再結晶などで分離できる		純物質（純粋な物質） ・1つの成分からできている物質 ・温度や圧力によって、固体⇔液体⇔気体（状態変化）	
不均一な混合物 ・身近なもの ・食べもの	**均一な混合物** ・合金 ・水溶液 ・溶体	**化合物** ・気体（分子） ・電解質 ・有機物	**単　体** ・金属（72種類） ・気体（分子） ・貴ガス（単原子分子） ・その他
例 ・太陽、ヒト、岩石 ・ケーキ、紅茶	・はんだ、ステンレス ・食塩水、石灰水 ・大気	・水、二酸化炭素 ・塩化水素、食塩 ・エタノール、ブドウ糖	・金、銀、銅、鉄 ・水素、酸素 ・ヘリウム、ネオン ・炭素、ケイ素

■ 究極の粒子を求めて

　最近の研究は、原子の原子核をつくる陽子や中性子より小さな「クオーク」という素粒子を発見、証明しました。クオークは6種類あり、それぞれに電気量（でんきりょう）や質量などがあります。そして、3個で1粒の陽子や中性子などになります。しかし、日常生活の延長線上でイメージすることは不可能で、高度な数学が必要です。

 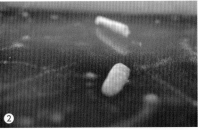

①、②：霧箱で観察した α 線（太く短い）、β 線（細く長い）。α 線は陽子2個と中性子2個の塊（かたまり）。β 線は核崩壊（かくほうかい）によってできた電子。　③：女川原子力発電所（おながわ）の前を横切る放射線量調査を終えた船（2011年、福島第一原子力発電所事故発生の5カ月後に撮影）。

■ 持続可能な社会をつくる（SDGs を達成するために）

　これから私たちがすべきことは、持続可能な社会をつくることです。新しい物質や技術の開発より、豊かな人づくりに力を注ぐことが必要です。政治や社会にも関心を持ち、新しい時代を築きましょう。

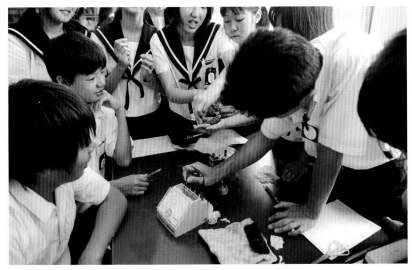

各班が集まり、協力してモーターを回す電流をつくろうとする生徒達。

6種類のクオーク

名　前	電気量	質　量
アップ	+2/3	小
ダウン	−1/3	小
チャーム	+2/3	中
ストレンジ	−1/3	中
トップ	+2/3	大
ボトム	−1/3	大

※陽子（電気量1＋）はアップ2個とダウン1個、中性子（電気量0）はアップ1個とダウン2個からできている。

クオークと素粒子

クオークは、素粒子のグループの1つ。さらに別グループとして、レプトンやゲージ粒子がある。電子⊖はレプトンの仲間であり、素粒子である。

放射線の種類

α 線	・陽子2個と中性子2個の塊（かたまり）
β 線	・電子1個（原子核を中心にして回る電子⊖と同じだが、核崩壊（かくほうかい）によってできたもの）
陽子線 中性子線	・クオークから考えることもできる
γ 線 X 線	・粒子ではないもの ・電磁波の仲間

※放射線は、高エネルギーの粒子と電磁波（γ 線とX 線など）の総称。

私たちの世界

化学は、私たちの世界は小さな粒子からできていると考える。しかし、人類が心豊かに生きていくためには、物質や技術以外のものも必要。

中学理科の化学　索引

本書では、読者の探究学習を後押しするために、「法則」「公式」など化学で重要な項目をまとめた項目別索引を用意した。英字アルファベット順・50音順索引とともに活用を期待する。

項目別索引

1　法則

アボガドロの法則 ································· 146
オクテット則（最外殻電子の数） ··········· 19, 117
質量保存の法則 ······························· 66
定比例（成分比一定）の法則 ················· 50
ファラデーの電気分解の法則 ················ 146

2　物質の分類、特性・数量一覧

イオン化傾向 ································· 140
イオンになる原子の周期表 ················· 116
化学変化の分類、一覧 ···················· 42, 67
気体の性質 ··································· 38
気体の溶解度と比重（数量） ················· 37
気体の密度（数量） ·························· 29
金属、物質の密度（数量） ··················· 28
原子どうしの結合方法 ···················· 9, 154
元素周期表 ··································· 16
元素の分類 ··································· 23
固体の溶解度（数量） ······················ 110
純物質（純粋な物質）の分類 ··············· 7, 154
状態変化、そのモデル図 ···················· 80
電池（化学電池）の分類 ················· 140, 152
中和反応からできた塩（イオン結合）一覧 ····· 122
都市ガス（13A）の組成 ····················· 12
物質の分類 ··································· 13
プラスチック一覧 ···························· 72
分子の分類 ··································· 31
水に溶かしたとき、電流を流すか ············ 113
有機物と無機物 ······························ 11

3　化学式、化学反応式

化学反応式の作り方 ·························· 69

化学変化の一覧 ······························ 67
化合物の化学式は組成を示す ················ 31
元素周期表の大文字・小文字＝化学式 ········· 17
中和反応式の作り方 ························· 122
物質の数・原子の数 ·························· 31

4　公式（計算方法）、数学

％と‰と ppm ······························ 101
金属の酸化実験の質量計算 ··················· 53
グラフの書き方（比例、曲線） ········· 49, 84, 129
再結晶する量の求め方 ······················ 111
数学：y =ax（比例のグラフ） ················ 49
数学：小数点と四捨五入 ···················· 100
数学：比例計算（金属の酸化） ··············· 53
数学：割合（濃度）を考える線分図 ······ 100, 110
濃度の公式 ·································· 100
密度と比重の復習 ···························· 37
密度の公式 ······························· 26, 28

5　実験操作・技能

温度計の読み方 ······························ 86
化学実験を安全に行うための約束 ············· 97
ガスバーナーの使い方 ······················ 46
機械的方法と化学的方法 ······················ 9
気体の集め方、調べ方 ···················· 33, 38
駒込ピペットの使い方 ······················ 101
混合物の分離方法 ···························· 91
ぞうきんや器具の洗い方 ····················· 14
物質を調べる方法 ···························· 11
マイクロスケール実験 ······················ 140
メスシリンダーの目盛りの読み方 ············· 27
レポートの項目（化学） ····················· 11
ろ過の方法 ································· 109

英数字

3 R ··· 15
5 R ··· 15
H 管 ····································· 146, 150
mol ································· 39, 100, 101
pH ···································· 115, 123
PM2.5 ······································ 74
SDGs ···································· 72, 74

あ行

あ

アイソトープ ································· 18

亜鉛 ····························· 54, 136, 140, 141
圧力 ····················· 18, 37, 55, 79, 80, 81
アトム ···································· 6, 7
アボガドロ数 ······················ 39, 101, 146
アルカリ金属 ······························ 17, 24
アルカリ性 ······························ 114, 123
アルカリ土類金属 ························· 17, 24
アルゴン ································· 20, 117
アルゴン型 ································ 117
アルミニウム ················· 26, 28, 131, 135
泡 ······································ 78, 79
安全メガネ ································ 148
アンモニア ······························ 36, 37

い

硫黄 ……………………………………… 56, 58
イオン化傾向 ……………………………… 138, 140
イオン結合 ………… 9, 39, 109, 113, 118, 119, 122, 154
イオン式 ………………………………………… 119
イオンを含む水 ……………………………… 114
陰イオン ………………………………… 113, 116, 118

う

上皿てんびん ……………………………………… 26

え

液化 …………………………………………………… 80
液体 ………………… 40, 80, 83, 92, 96, 99, 154
液体窒素 ………………………………………… 38, 92
エタノール ………………… 12, 13, 62, 63, 96
エネルギー ……… 24, 44, 81, 87, 98, 147, 153, 155
塩 ………………………………………………… 122
塩化 ……………………………………………… 59
塩化アンモニウム ………………………… 36, 45
塩化コバルト紙 ………………………………… 54
塩化銅 ……………… 25, 59, 135, 142, 144
塩化ナトリウム ……… 25, 104, 117, 119, 122, 150
塩酸 ……… 38, 54, 120, 122, 124, 138, 148
炎色反応 ………………… 8, 24, 25, 52
延性 ……………………………………………… 22
塩素 ………………… 37, 38, 59, 144, 150

お

オキシドール ………………………… 32, 33, 38
オゾン ………………………………… 31, 38

か行

か

化学式 ………… 17, 23, 31, 69, 119, 122
化学的方法 ……………………………………… 9
化学電池 ……… 130, 131, 134, 137, 140, 141, 152
化学反応式 …………………………… 42, 43, 69
化学変化 ………… 42, 55, 65, 67, 152, 153
拡散 ……………………………………… 98, 99
核融合 ……………………………………………… 19
化合物 …… 7, 12, 13, 31, 38, 50, 118, 154
過酸化水素 ………………………………… 32, 38
ガスバーナー ……………………… 12, 46, 47
化石燃料 ………………………………… 11, 12
下方置換法 ……………………………… 32, 33
カルシウム ……………………… 7, 22, 140
環境調査の対象物質 ……………………… 74
環境保全 ………………………………………… 73
完全燃焼 ………………………………… 46, 47
乾電池 ……………………………………………… 152

き

気化 ………………………………… 80, 83, 85
貴ガス ……… 17, 20, 21, 23, 30, 116, 117
貴金属 ……………………………………………… 22
希釈 ……………………………………………… 101
キセノン ……………………………………… 21
気体 ………………… 30, 37, 38, 80, 154
吸熱反応 ………………………………… 44, 45

凝華

凝華 ……………………………… 39, 80, 93
凝固 ………………………………………… 80, 83
共有結合 ……… 9, 31, 38, 39, 117, 119, 154
極性分子 ……………………………………… 40
金 ……………………… 22, 27, 28, 140
金属 …………………… 22, 138, 140
金属結合 ………………………… 9, 23, 154
銀 ……………… 28, 60, 61, 62, 137, 140

く

クリプトン ………………………………… 21

け

結晶 ……… 39, 41, 105, 106, 109, 154
結晶構造 ………………… 39, 41, 119
原子 …… 6, 7, 16, 18, 20, 22, 30, 38, 112, 116
原子核 ………………… 18, 19, 23, 117
原子団 ………………………… 116, 118
原子番号 …………………………… 16, 17
原子量 …………………… 17, 18, 53, 54
元素 ………………… 16, 17, 23, 119
元素周期表 …………………………… 16, 30
限定要因 ……………………………………… 127

こ

合成樹脂 ………………………………………… 11
構造式 …………………………………………… 119
鉱物 ……………………………………………… 11
固体 ……… 17, 28, 41, 80, 83, 85, 87, 96, 107, 110
駒込ピペット ……………………… 101, 124
小麦粉 ………………………………… 10, 42
コロイド溶液 ………………………………… 99
混合物 ……… 12, 13, 23, 56, 70, 88, 89, 91, 154

さ行

さ

最外殻電子 ……… 19, 21, 24, 31, 117
再結晶 ……… 91, 96, 106, 107, 111, 136, 154
砂糖 …………………… 10, 69, 76, 98
砂糖水 ……………………………………… 110
酸化 ……………………………… 42, 65, 67
酸化炎と還元炎 ………………………………… 63
三重水素 ……………………………………… 18
酸性 ……………………… 35, 114, 123
酸素 ………………… 32, 33, 37, 43, 55
酸素原子 ………………… 7, 32, 34, 40
酸素分子 ………………………………… 32, 38

し

脂質 ……………………………………………… 11
質量 ……………… 17, 18, 26, 66, 101
質量パーセント濃度 ……………………… 100
質量比 …………………………………… 51, 53
重曹 ……………………… 11, 34, 68, 77
ジュウテリウム ………………………………… 18
充電 ……………………………… 152, 153
自由電子 ……………………………………… 23
純物質 ………………… 7, 9, 13, 31, 154
昇華 ……………………… 39, 80, 83, 93
硝酸アンモニウム …………………………… 45

硝酸カリウム ……………………………… 108
状態変化 ……………………… 80, 83, 87, 92
蒸発 …………………………………………… 83
上方置換法 ………………… 33, 36, 62, 138
蒸留 ………………………………… 89, 90, 91
食塩水 ………………… 100, 104, 106, 130, 150
触媒 ……………………………………………… 32
助燃性 …………………………………………… 32
試料 ……………………………………………… 8

す

水銀 ……………………………………… 22, 28
水酸化カルシウム ……………… 102, 103, 122
水酸化ナトリウム ……………… 120, 122, 124
水酸化バリウム ………………… 45, 105, 126
水酸化物イオン ………………………… 116, 122
水晶 ……………………………………………… 39
水蒸気 …………………………………… 79, 111
水上置換法 ………………………………… 32, 33
水素 ………………………… 31, 54, 138, 146, 153
水素イオン ……………………… 116, 122, 123
水素結合 ………………………………………… 41
水素原子 …………………… 18, 19, 31, 40, 149
炭 …………………………… 43, 70, 71, 75, 91, 98

せ

精製水 ………………………………………… 112
生石灰 ………………………………………… 102
析出 …………………………………………… 136
石油 ……………………………………… 11, 91
絶対零度 ………………………………………… 98
石灰水 …………………………………… 35, 102, 103
石灰石 ……………………………………… 9, 34

そ

組成 …………………………………… 12, 31, 119
組成式 …………………………………… 39, 119

た行

た

体積 …………………………………… 26, 100
ダイヤモンド ………………………………… 38, 39
太陽光電池 …………………………………… 152
大理石 ………………………………………… 34
たたら製鉄 …………………………………… 65
脱脂綿 ………………………………………… 12
脱色作用 …………………………………… 143, 149
ダニエル電池 ………………………………… 141
炭酸飲料水 …………………………………… 35
炭酸カルシウム ………………………… 7, 8, 103
炭酸水素ナトリウム ………………… 34, 66, 68
炭酸ナトリウム ………………………… 68, 69
炭水化物 ………………………… 11, 38, 70, 71
炭素 …………………… 11, 38, 39, 43, 47, 64, 154
炭素原子 ………………………………… 18, 39
単体 ……………… 7, 13, 22, 23, 31, 38
単原子分子 …………………………… 20, 30, 38
タンパク質 ………………………… 11, 38, 70, 153

ち

地球大気 ……………………………… 30, 38
窒素 …………………………… 30, 38, 92, 117
中性 …………………………… 35, 114, 123
中性子 …………………………………… 18, 155
中和反応 ……………………… 42, 122, 124, 126
潮解 …………………………………………… 145
チョーク ……………………… 7, 8, 9, 13, 103
直流 …………………………………………… 152
沈殿 ……………………… 35, 99, 105, 113, 126
沈殿物 ……………………………… 98, 103, 126

て

鉄 ……………………… 22, 25, 48, 65, 67, 145
電解質 ……………………… 113, 122, 151, 154
電気伝導性 ………………………………… 39, 114
電気分解 ………………… 142, 145, 147, 151, 153
電気量 …………………………… 17, 18, 116, 118
電子 ………………… 18, 21, 24, 112, 117, 118, 140, 144
電子てんびん …………………………………… 26
電子配置 …………………………… 19, 21, 117
電子レンジ ……………………………………… 40
展性 ……………………………………………… 22
電池 …………………………………………… 152
天然ガス ………………………………………… 13
でんぷん ………………………………………… 10, 11
電離 ……………………… 113, 121, 135, 144
電流 ……………………………… 18, 140, 141, 152

と

銅 ……………………………………… 22, 52
同位体 …………………………………… 17, 18
同素体 …………………………………… 38, 39
都市ガス ………………………………………… 12
ドライアイス …………………………… 30, 39, 93
ドルトンの原子説 ……………………………… 7

な行

な

中谷宇吉郎 ……………………………………… 41
ナトリウム ……………………………………… 22
ナトリウムイオン ……………… 113, 117, 151
ナフサ …………………………………… 11, 91
ナフタレン …………………………………… 39, 80
鉛 ……………………………………………… 23

に

二酸化ケイ素 …………………………… 28, 39
二酸化炭素 ………………… 30, 34, 35, 43
二次電池 …………………………… 140, 152
ニュートン ……………………………………… 26

ね

ネオン …………………………… 20, 21, 117
熱エネルギー ………………… 24, 43, 44, 45, 81
熱の伝導性 ……………………………… 20, 22
熱分解 …………………………………… 42, 60
燃焼 …………………………………………… 55
燃料電池 ……………… 140, 147, 152, 153

の

濃度 ……………………… 100, 101, 104, 110, 111

は行

は

爆発	55
発火点	13
発熱反応	44, 45, 56
花火	24
ハロゲン	17, 118
ハンダ	23
万能リトマス紙	115

ひ

非金属	17, 23, 30, 31, 38, 118, 154
比重	29, 33, 37
非電解質	113
表面張力	27
比例	49, 53
備長炭電池	131, 140

ふ

フェノールフタレイン溶液	37, 68
不活性元素	20
ふくらし粉	10, 11
ブタン	12
物質	6, 7, 11, 13, 38, 96, 113, 153, 154
物質量	101
物体	7
沸点	83, 89
沸騰	78, 83, 84
沸騰石	78, 84, 88
ブドウ糖	38, 45, 153
フラーレン	38, 39
プラスチック	11, 72, 73, 74
フルーツ電池	132, 140
プロパン	12
分子	30, 31, 38, 99
分子運動のモデル	99
分子結晶	39
分子式	30, 119
分子模型	31, 39
噴水のしくみ	37
分留	88, 89, 91

へ

平衡	105
ベーキングパウダー	11, 34, 68
べっこう飴	76
ヘリウム	18, 20, 21

ほ

放射線	155
飽和	104, 105, 111
飽和水溶液の濃度	111
ボルタ電池	140, 141

ま行

ま

マイクロスケール実験	140
マイクロプレート	140
マグネシウム	50, 51
マッチ	43, 44
マンガン電池	152

み

水	40, 54, 78, 96, 146
水分子	15, 40, 41
密度	26, 28, 37, 41

む

無機物	11

め

メタン	12, 43, 74
目に見えるレベルの物質	39
目盛り	27

も

モル	39, 100, 101

や行

や

火傷	44

ゆ

融解	96
有機化合物	31, 38
有機物	11, 12, 13, 38, 96
有効数字	27
融点	83
雪の結晶	41
湯煎	84

よ

陽イオン	113, 116, 118
溶液	96, 97, 99
溶解	96
溶解度	37, 108, 110
溶解度曲線	110
陽子	18, 139, 155
溶質	96
溶媒	96

ら行

ら

ラドン	21
ラボアジェ	66

り

リチウム	22, 25, 152
リトマス試験紙	121
硫化	56
硫酸	97, 122, 126
硫酸銅	96, 106, 119, 136, 137, 141
硫酸バリウム	126
粒子	6, 7, 18, 30, 81, 96, 113, 155

れ

錬金術	19

ろ

ろうそく	43
ろ過	91, 109, 126
露点	83, 111

福地孝宏（ふくちたかひろ）
愛知教育大学卒業。新卒から中学校での理科教育に携わり、38年間で名古屋市立の中学校を9校歴任。1997年より、教育に関する情報、中学校理科の授業記録、若手教師のためのアドバイス、ワンポイントレッスンなどをHPにて一般公開。全国からの教育に関する相談、講演会、授業参観、ボランティアに応じるなど精力的に活動を続けるかたわら、YouTubeチャンネル「中学理科のMr.Taka」を運営。中学校理科に関するさまざまなテーマについて、わかりやすくおもしろい動画配信を行っている。

■**編集協力**　前迫明子
■**カバーデザイン**　西垂水敦・市川さつき（krran）
■**DTP組版**　あおく企画
■**校　　正**　ケイズオフィス
■**イラスト**　ササキフサコ、スクリプト–M、久保田里佳、プラスアルファ
■**写真撮影**　福地孝宏

実践ビジュアル教科書
新学習指導要領対応
実験でわかる　**中学理科の化学　第2版**

2011年11月25日　第1版　発　行　　　　　　NDC430
2023年5月16日　第2版　発　行

著　　者　福地孝宏
発　行　者　小川雄一
発　行　所　株式会社 誠文堂新光社
　　　　　　〒113-0033 東京都文京区本郷3-3-11
　　　　　　電話 03-5800-5780
　　　　　　https://www.seibundo-shinkosha.net/
印刷・製本　図書印刷 株式会社

©Takahiro Fukuchi. 2023　　　　　　　　　Printed in Japan

ISBN978-4-416-62214-8